図解 はじめての空気圧

はじめに

　本書は、2007年の改訂版に修正や追記を加え、新たに「改訂3版」として出版することになりました。空気圧装置について学習しようとするエンジニアの方々を対象に、できるだけ実務に役立つことを目指して、基礎から学んでいただく入門書です。

　工場内の機械設備としてなくてはならないものの、一つが空気圧制御システムです。原理がわかりやすく比較的簡単に大きなパワーを得られる便利なものが空気圧です。しかし、この空気圧技術に関しては、書店を探しても専門書が少ないのが現状です。また、圧力には、従来の重力単位系からSI単位のPa（パスカル）が使われています。空気圧の使い方、シリンダの制御などに焦点を絞ってできるだけ分かりやすく解説することにしました。

　内容としては、本書の目的を次のようにまとめています。
□空気圧のしくみ、空気の質について理解すること。
□エアシリンダの種類と使い方の基礎を学ぶこと。
□空気圧システムのメンテナンスのポイントを知ること。

　本書の構成は、空気圧技術の基礎から始まって、エアシリンダや各種制御弁、回路と制御などを、各章ごとに学習していくことができるようになってます。入門書として第1章から順に学習していくことも、読者自身が知りたいといった専門知識の章だけを辞書代わりに抜き読みすることも可能です。いつでもデスクの上において、気軽に手に取っていただくことで次第に空気圧の専門家にとなっていただければ幸いです。

2016年（平成28年）1月

監修　塩田泰仁

目　次

第1章　空気圧技術の基礎
- 1-1　空気圧技術をどのように考えればよいか・・・・・・14
  - （1）メカトロニクスと空気圧・・・・・・・・・・14
  - （2）空気圧と油圧はどのような違いがあるか・・・・15
  - （3）空気圧システムの特性・・・・・・・・・・・17
  - （4）空気圧の歴史・・・・・・・・・・・・・・・18
- 1-2　圧縮空気はどのようなものか・・・・・・・・・・21
  - （1）空気の性質・・・・・・・・・・・・・・・・21
  - （2）空気圧の物理学・・・・・・・・・・・・・・24

第2章　空気圧の質と調整機器
- 2-1　空気圧基本システム・・・・・・・・・・・・・・34
  - （1）空気圧システムの構成・・・・・・・・・・・34
  - （2）機器の役目・・・・・・・・・・・・・・・・35
- 2-2　コンプレッサ・・・・・・・・・・・・・・・・・37
  - （1）コンプレッサの種類と選定・・・・・・・・・37
  - （2）往復型コンプレッサ・・・・・・・・・・・・39
  - （3）回転型コンプレッサ・・・・・・・・・・・・40
- 2-3　アフタークーラ・・・・・・・・・・・・・・・・41

2-4　空気圧タンク・・・・・・・・・・・・・・・42
　　（1）空気圧タンクの目的・・・・・・・・・42
　　（2）空気圧タンクの設置・・・・・・・・・43
2-5　冷凍式ドライア・・・・・・・・・・・・・45
　　（1）冷凍式ドライアの機能・・・・・・・・45
　　（2）冷凍式ドライアの基本構造・・・・・・46
　　（3）冷凍式ドライアの使い方・・・・・・・46
2-6　空気圧フィルタ・・・・・・・・・・・・・48
　　（1）空気圧フィルタの条件・・・・・・・・48
　　（2）メインラインエアフィルタ・・・・・・52
　　（3）エアフィルタ・・・・・・・・・・・・53
2-7　減圧弁・・・・・・・・・・・・・・・・・56
　　（1）減圧弁の定義と種類・・・・・・・・・56
　　（2）減圧弁の構造・・・・・・・・・・・・57
　　（3）直動形減圧弁・・・・・・・・・・・・59
　　（4）パイロット形減圧弁・・・・・・・・・60
2-8　ルブリケータ・・・・・・・・・・・・・・62
　　（1）ルブリケータの機能・・・・・・・・・62
　　（2）ルブリケータの種類・・・・・・・・・63
　　（3）選定時の配慮事項・・・・・・・・・・66

第3章　空気圧制御機器
3-1　圧力制御弁・・・・・・・・・・・・・・・68

（1）圧力制御弁・・・・・・・・・・・・・・・・68
　　　（2）減圧弁・・・・・・・・・・・・・・・・・・68
　　　（3）圧力比例制御弁・・・・・・・・・・・・・・70
　3-2　方向制御弁・・・・・・・・・・・・・・・・・・71
　　　（1）方向制御弁・・・・・・・・・・・・・・・・71
　　　（2）方向切換弁・・・・・・・・・・・・・・・・72
　　　（3）電磁弁・・・・・・・・・・・・・・・・・・75
　3-3　流量制御弁・・・・・・・・・・・・・・・・・・80
　　　（1）流量制御弁・・・・・・・・・・・・・・・・80
　　　（2）流量調整弁・・・・・・・・・・・・・・・・82
　　　（3）絞り弁・・・・・・・・・・・・・・・・・・82
　　　（4）逆止め弁・・・・・・・・・・・・・・・・・83
　　　（5）シャトル弁・・・・・・・・・・・・・・・・84
　　　（6）急速排気弁・・・・・・・・・・・・・・・・85
　3-4　その他の空気圧機器・・・・・・・・・・・・・・86
　　　（1）リリーフ弁・・・・・・・・・・・・・・・・86
　　　（2）安全弁・・・・・・・・・・・・・・・・・・86
　　　（3）油空圧変換器・・・・・・・・・・・・・・・87
　　　（4）増圧器・・・・・・・・・・・・・・・・・・88
　　　（5）サイレンサ・・・・・・・・・・・・・・・・88
　　　（6）ショックアブソーバ・・・・・・・・・・・・88
　　　（7）配管・・・・・・・・・・・・・・・・・・・89
　　　（8）管継手・・・・・・・・・・・・・・・・・・90

第4章　エアシリンダ

- 4-1　シリンダの規定・・・・・・・・・・・・・・・・・・94
- 4-2　シリンダの構造・・・・・・・・・・・・・・・・・・96
  - （1）構造一般・・・・・・・・・・・・・・・・・・96
  - （2）各部の構造・・・・・・・・・・・・・・・・・97
  - （3）エアシリンダの機能・・・・・・・・・・・・・100
- 4-3　空気圧シリンダの使用と選定・・・・・・・・・・・105
  - （1）シリンダの法規制・・・・・・・・・・・・・・105
  - （2）装置、機械に対する注意事項・・・・・・・・・106
  - （3）手動制御と自動制御・・・・・・・・・・・・・107
- 4-4　シリンダの取付けと使い方・・・・・・・・・・・・108
  - （1）据付における注意事項・・・・・・・・・・・・108
  - （2）シリンダ使用時の注意事項・・・・・・・・・・109

第5章　空気圧回路

- 5-1　空気圧基本回路・・・・・・・・・・・・・・・・・114
  - （1）空気圧基本回路・・・・・・・・・・・・・・・114
  - （2）空気圧源調整回路・・・・・・・・・・・・・・115
  - （3）単動シリンダ作動回路・・・・・・・・・・・・116
  - （4）複動シリンダ作動回路・・・・・・・・・・・・116
  - （5）フリップフロップ回路・・・・・・・・・・・・117
  - （6）中間停止回路・・・・・・・・・・・・・・・・118
  - （7）時間遅れ回路・・・・・・・・・・・・・・・・119

　　　　（8）論理回路・・・・・・・・・・・・・・・・・・・・120
　5-2　空気圧応用回路・・・・・・・・・・・・・・・・・123
　　　　（1）自動復帰回路・・・・・・・・・・・・・・・・123
　　　　（2）ワン・ツウ・カウント回路・・・・・・・・・・123
　　　　（3）1往復作動回路・・・・・・・・・・・・・・・124
　　　　（4）A＋B＋B－A－サイクル回路・・・・・・・125
　　　　（5）A＋B＋A－B－サイクル回路・・・・・・・125
　　　　（6）両手同時操作回路・・・・・・・・・・・・・・126
　　　　（7）衝撃作動回路・・・・・・・・・・・・・・・・126
　　　　（8）速度制御回路・・・・・・・・・・・・・・・・127
　　　　（9）パイロット操作回路・・・・・・・・・・・・・128
　　　　（10）空気圧供給停止回路・・・・・・・・・・・・・128
　　　　（11）2ポート弁の回路・・・・・・・・・・・・・・129
　　　　（12）3ポート弁の回路・・・・・・・・・・・・・・130
　　　　（13）4ポート弁の回路・・・・・・・・・・・・・・130
　5-3　全空圧回路・・・・・・・・・・・・・・・・・・・132
　　　　（1）電気を使わない空気圧操作・・・・・・・・・・132
　　　　（2）全空圧制御回路・・・・・・・・・・・・・・・133
　　　　（3）手動操作弁回路・・・・・・・・・・・・・・・134

第6章　空気圧電気制御
　6-1　電気制御回路・・・・・・・・・・・・・・・・・・136
　　　　（1）シーケンス制御・・・・・・・・・・・・・・・136

（2）a接点、b接点・・・・・・・・・・・・136
　　　（3）電気回路表示・・・・・・・・・・・・・137
　　　（4）シーケンス制御回路・・・・・・・・・・139
　　　（5）電気機器・・・・・・・・・・・・・・・140
　6-2　プログラマブル・コントローラ・・・・・・・・142
　　　（1）プログラマブル・コントローラ・・・・・・142
　　　（2）PCプログラミング方式・・・・・・・・・143
　　　（3）基本命令、応用命令・・・・・・・・・・144
　　　（4）メモリ・・・・・・・・・・・・・・・・145

第7章　空気圧のメインテナンス

　7-1　空気圧と保守点検・・・・・・・・・・・・・148
　　　（1）空気圧メインテナンス技術・・・・・・・・148
　　　（2）予防保全と日常点検・・・・・・・・・・149
　　　（3）トラブルの発生・・・・・・・・・・・・151
　7-2　圧縮空気中の不純物と対策・・・・・・・・・153
　　　（1）水分（ドレン）・・・・・・・・・・・・153
　　　（2）油分（オイル）・・・・・・・・・・・・155
　　　（3）酸化生成物・・・・・・・・・・・・・157
　　　（4）フィルタのトラブル・・・・・・・・・・159
　7-3　コンプレッサのトラブル・・・・・・・・・・160
　　　（1）コンプレッサの故障・・・・・・・・・・160
　　　（2）コンプレッサの日常チェック・・・・・・・160

　　　　（3）吐出圧縮空気の管理・・・・・・・・・・・・・161

7-4　ルブリケータのトラブル・・・・・・・・・・・163
　　　　（1）液が滴下しない！・・・・・・・・・・・・・163
　　　　（2）無給油ラインのルブリケータの使い方・・・・164
　　　　（3）使用油の問題・・・・・・・・・・・・・・・164

7-5　エアシリンダのトラブル・・・・・・・・・・・165
　　　　（1）トラブル現象・・・・・・・・・・・・・・・165
　　　　（2）考えられる原因・・・・・・・・・・・・・・165
　　　　（3）エアクッションのトラブル・・・・・・・・・167
　　　　（4）シリンダの長寿命化・・・・・・・・・・・・169

7-6　圧力制御機器のトラブル・・・・・・・・・・・172
　　　　（1）レギュレータのしくみ・・・・・・・・・・・172
　　　　（2）レギュレータの種類・・・・・・・・・・・・172
　　　　（3）レギュレータの機能・・・・・・・・・・・・173

7-7　方向切換弁のトラブル・・・・・・・・・・・・175
　　　　（1）スプール弁・・・・・・・・・・・・・・・・175
　　　　（2）ポペット弁・・・・・・・・・・・・・・・・176
　　　　（3）三位置切換弁・・・・・・・・・・・・・・・177
　　　　（4）電磁弁のトラブル・・・・・・・・・・・・・178
　　　　（5）電磁弁作動不良の原因・・・・・・・・・・・181
　　　　（6）電磁弁の不良対策・・・・・・・・・・・・・183

7-8　速度制御弁のトラブル・・・・・・・・・・・・186
　　　　（1）速度制御弁の不具合・・・・・・・・・・・・186

（2）速度制御弁のトラブルと対策・・・・・・・・・186
　7-9　センサスイッチのトラブル・・・・・・・・・・・188
　　　（1）センサスイッチの誤作動・・・・・・・・・・188
　　　（2）配線・・・・・・・・・・・・・・・・・・・188
　　　（3）取付け・・・・・・・・・・・・・・・・・・188
　　　（4）環境・・・・・・・・・・・・・・・・・・・189
　7-10　エア漏れとシール・・・・・・・・・・・・・・190
　　　（1）エア漏れ・・・・・・・・・・・・・・・・・190
　　　（2）シールの使用・・・・・・・・・・・・・・・191
　　　（3）シールの選定・・・・・・・・・・・・・・・192

付録Ⅰ
　1.JIS 空気圧用語・・・・・・・・・・・・・・・196
　2.JIS 油圧用語・・・・・・・・・・・・・・・・206

付録Ⅱ
　JIS 油空圧記号・・・・・・・・・・・・・・・・236
　参考・引用文献・・・・・・・・・・・・・・・・260

第1章

空気圧技術の基礎

　この章では「空気圧技術」とはどのようなものか、その大要をつかんでいただきます。結論から言いますと、今私たちが呼吸している空気を押しつぶして（圧縮といいます）勢いよく吐き出し、動力として機械的な仕事をする技術のことです。簡単なことのように見えますが、力の媒体となる原料の空気が、清浄でかつ機械の中でも使えるものであること、という条件付きで、これがやっかいなものでもあります。しかし、地球上に無限にある空気でもあり、エネルギーとしては清潔で安全な技術です。この章では、空気圧技術の特徴を押さえながら工業用空気圧の誕生についてみていきます。

1-1 空気圧技術をどのように考えればよいか

（1）メカトロニクスと空気圧

　メカトロニクス（mechatronics）とは、機械（mechanism）と電子（electronics）を結合した日本製英語ですが、文字通り、「機械と電子を融合した技術」、あるいは、「電子技術で機械を高度化した技術」のことをいいます。メカトロニクス技術によって機械技術は柔軟性（flexibility）、信頼性（reliability）を向上させることができ、自動化、省力化の道を切り開くことができたのです。

　メカトロニクスの概念は、シンプルなメカニズムに高度な制御を適応して、さまざまな機械的な仕事を実現することにあるといわれます。

　また、制御装置の理想的な形は、高速化・高性能化・小型化・高信頼性化・低価格化にあるといえます。

　メカトロニクスの要素技術は、マイコン技術・センサ応用技術・機械動作（位置、速度、加速度）制御技術・シーケンス制御技術・情報通信とデータベース技術を基盤として成り立っています。

　また、メカトロニクスは構成要素からいうと、メカニズム、アクチュエータ、動力源（パワー）、センサ、コンピュータの5要素から構成されています。空気圧はこの動力源の一つですが、動力源ばかりでなく、センサとしても、アクチュエータとしても活用されています。とくにセンサとしての機能は、電気的なセンサが使えないところで使えるという空気圧ならではのものです。また、空気圧制御には、シーケンス制御が使われており、パワー部門と共にハイテク部門をも包含した、メカトロニクスの真髄といえます。

(2) 空気圧と油圧はどのような違いがあるか

　自動化を計画する場合、その作動の方法として電気あるいは油圧または空気圧をまず検討します。油・空圧技術のどちらを用いるかは必要なパワーや管理の問題などを検討しなければなりません。

　油圧が大きなパワーに特徴があるのに対し、空気圧は、地球上どこにでもある空気を利用し、構成も比較的簡単で手軽なことが特徴となっています。しかし、自動化にあたっては、「何を、何のために自動化するか」を考えてみる必要があります。

自動化の目的には、

①品質向上

②コスト低減

③作業安全

④製品均質化

⑤量産化

などがありそれらを多く充足させる方式を選択することが第一ですが、経済性も考慮しなければなりません。

　空気圧方式と油圧・電動方式との比較を表1-1に示します。

　油圧方式と空気圧方式は、コストが異なります。空気圧の場合、空気消費量が工場の既存の空気圧縮設備で間に合う場合は特別な費用がかかりません。しかし、コンプレッサを新しく設備することになると高価なものになります。

　空気圧は最大荷重が1000kg以内が経済的な利用分野です。油圧の場合は荷重が小さいときは不経済になります。なぜなら圧力を3MPa（≒30kgf/cm^2）で使用する場合でも、21MPaで使用する場合でも、同じ価格の制御弁を使用することになるからです。（MPaはSI単位系でメガパスカルといい、0.1MPa≒1kgf/cm^{2}の関係があります。）

第1章 空気圧技術の基礎

表1-1 空気圧、油圧、電動各方式の一般的性能比較表

特性項目	空気圧方式	油圧方式	電気方式
操作力	あまり大きな操作力は出せない。	大きな操作力が得られる。	中から小までの操作力が得られる。
速応性	低速	高速	中速
大きさ・重量	油圧と比較して劣る。	出力／（大きさ・重量）比を高くできる。	広範囲のサイズが得られる。
制御性	比較的高精度の位置決めはむずかしい。	高剛性であるため高精度位置決め可。	速度、位置、トルクなどの制御ができる。
安全性	過負荷に最も強い。	過負荷に強い。	過負荷に弱い。
使いやすさ	油圧より容易。	フィルタ管理に注意を要す。	周辺機器が充実。
寿命	油圧、電動に比べて劣る。	油に潤滑性があるため、寿命が長い。	長寿命化をめざす。
コスト（イニシャル、ランニングを合わせたコスト）	安い	高い	普通
出力	5000N（≒500kgf）以下	1000N（≒100kgf）以上数10万N（≒数10tまで）	500N（≒50kgf）以下
作動速度	50〜500mm/s	10〜200mm/s	高速
圧力	10kgf/cm² 以下	210kgf/cm² 以下	高速

(3) 空気圧システムの特性

　空気圧システムは、各種の空気圧機器からなる空気圧装置と、目的に合せて機器を組込んだ空気圧回路から構成されています。

　空気圧回路は、配管の構成によっては空気の圧縮性からくる制御しにくい事態が発生します。このような場合は空気圧を油圧に変換して制御回路を組むようにします。

　流体源の空気は、大気中から自由に取り入れられ、再び大気中へ放出できるので、空気圧システムの戻り回路は不要となります。また、配管の敷設がらくで、漏れがあっても空気ですから汚染の心配は油圧と比べるとほとんどありません。

　空気圧は緩衝機構としても働き使用温度の範囲も非常に広く、火災、爆発の危険性がありません。また、サージ圧発生の危険性がないので使用範囲も比較的広く各種装置にまんべんなく用いられます。

　しかし、空気は潤滑性がないので、圧縮空気にオイルミストを加えることが必要であり、また防塵、除湿の処理が必要になります。さらに、使用圧力も数 MPa と比較的低く、空気圧発生エネルギに対してのエネルギ効率がよくありません。

　空気圧アクチュエータは、空気圧エネルギを用いて直線、回転、揺動などにより機械的仕事をさせるもので、直線運動のエアシリンダ、連続回転運動のエアモータ、揺動回転運動の揺動形エアアクチュエータなどがあります。空気圧アクチュエータは、手軽で柔軟性がある反面、正確な位置制御や速度制御が難しく、負荷変動の影響も受けやすくなります。空気圧は微妙なコントロールの動きよりも、単純で瞬間的な動きに向いているといえます。空気圧は、圧縮空気のエネルギを機械的な運動に変換利用するものであり、変換によるエネルギの損失はありますが、小型化、高出力、利便性、制御の容易性、設計変更に柔軟に対応できるなど、多くの利点があります。

　たとえば、電気モータを使用して直進機構を作る場合、多くのメカニカ

ル機構の組合せが必要となりますが、空気圧を利用する場合は、空気圧シリンダ1本で直進機構を得ることができます。しかも、力の大きさ、力の方向、速さの制御が簡単にでき、工数低減、部品点数低減、装置機構の簡素化、軽量化などの効果は大きいものがあります。

(4) 空気圧の歴史

　機械技術の歴史でいえば、空気圧の活用は最近のことであり、油圧機器の応用技術が普及・発達した後それを受けて発展してきました。しかし、人類が空気圧を応用したのは、極めて早い時期でもあります。最初に空気の圧力を利用したという点では、"吹き矢"でしょう。
ここでは人間の肺が圧縮機代わりでした。
　"うちわ"を空気圧機器と呼ぶのはどうかと思いますが、"ふいご"は立派な空気圧機器に入ります。この"ふいご"や圧縮ポンプが、紀元前から改良、実用化されており、また、圧縮空気の力を利用して弾丸を打ち出す空気銃を体系づけたのは、グレーテル（独）でした。
　産業革命時代に、石炭の生産のための空気ドリルが発明され、その後、蒸気機関車による鉄道用の空気ブレーキがウェスチング・ハウスによって発明されました。その後、空気ハンマ、リベット打ち機、削岩機、電車やバスの扉を開閉するドア開閉機などが発明されました。
　18世紀の中頃ジェームスワットが、大気圧よりも大幅に高い圧力の蒸気を使ってピストンを往復させる蒸気機関を発明し、これが現在の空気圧シリンダに結びつきました。
　19世紀から20世紀にかけて、水圧・油圧機器の発達は、方向切換弁、油圧シリンダなどの機器を改善し、これが現在の空気圧機器及び空気圧システムの基礎を築きました。

第 1 章　空気圧技術の基礎

　機械装置の自動化への利用は 1950 年代に入ってからですが、1970 年代になり、自動化、省力化として空気圧機器はあらゆる産業分野に利用されるようになったのです。その後の空気圧機器産業が FA 化の波にのり、急成長を遂げた背景には、空気圧システムのローコスト性と、自動化ニーズに対応した次のような技術革新があります。
① 多様化するニーズへの対応
② 高度化するニーズへ対応
③ システムとしての充実
④ 電子技術応用の充実
⑤ センシング技術応用の充実
などがあげられます。
　空気圧システムは、さまざまな機械装置の省力化・自動化に大きな役割を果たしてきています。最近は、ローコスト・オートメーションから脱皮して、機・電・空によるエレクトロニクス時代のオートメーション機器となっています。

【air pocket】
部品単位のコストダウン

　工場内の自動化設備で、位置決めシステムを組み上げていく場合には、メカニズム、コントローラ、センサ、アクチュエータをどのように選定するかが第一のポイントになります。仕様に合わせてバランスよくそれらを選定することはいうまでもありません。

　ここではもう少し現場的に入り込んでみることにしましょう。たとえば、制御盤の中の部品単位でのコストダウンを目指したとします。参考になるのは、自動販売機内のコストダウンの手法です。国内の自動販売機業界では、省電力化と外国メーカに対抗するための30％コストダウンを目指して、さまざまな努力をしています。

　そのうちの一つの例が、リレーの長寿命化です。リレーの接点寿命を長くできれば部品点検・交換のサイクルが長く取れ、もちろんメインテナンスコストが下がるのは当然ですね。しかし、そんなに簡単にリレー接点の寿命は長くはなりません。そこで工夫をします。普通は1個のリレーR1で負荷をオンオフしていますが、これだとオンにする時の突入電流を意識した大電流容量接点を持つリレーを使わざるを得ません。オンになった後も、この接点を通して定常的な負荷電流を流し続けることになり、使用時間は積算されます。そこで、この大容量のリレーを使うのはオンオフする時だけに絞って、定常電流が流れている時はリレーよりも小容量の接点を持つ別の並列にしたリレーに任せてやります。こうすると大容量のリレーの長寿命化が図れるという次第です。リレー1個が1500円かかったものが1000円となり、点検・交換のサイクルもかなり伸びてきます。

　ちょっとしたことですが、このような発想が技術として定着し、システム全体に波及すれば大きな実績になるはずです。

1-2
圧縮空気はどのようなものか

(1) 空気の性質

　空気圧技術は、機器や制御の知識も重要ですが、エネルギ源である空気についての理解が基礎となっています。そこで、普段あまり考えたことのない空気について考えてみましょう。

　空気圧に使われる圧縮空気は、大気を圧縮機（コンプレッサ）で圧縮したものです。「ただより高いものはない」という諺がありますが、空気は無償でも、空気圧技術で使う圧縮空気はお金がかかったものなのです。

　日常的に使われる「空気」という言葉はかなり曖昧なものですが、JISでは次のように規定されています。

①基準状態；normal condition
　温度0℃、絶対圧力0.1013MPa（=760mmHg）における乾燥空気の状態
②標準状態；standard condition
　温度20℃、絶対圧力0.1013MPa（=760mmHg）、相対湿度65％の空気の状態
③標準空気；standard air
　温度20℃、絶対圧力0.1013MPa（=760mmHg）、相対湿度65％の湿った空気で1m^2の重量は1.2kg。

ここで0.1013MPaは、いわゆる1気圧の大気圧のことです。

　もともと大気の中には、窒素、酸素、水蒸気、二酸化炭素などが含まれています。これをコンプレッサで圧縮しますと、吐き出された空気は物理的変化（量的変化）や化学的変化（質的変化）を起こします。前者は、圧力・容量・流量の変化であり、後者は、温度・湿度・性状分析の変化となります。

圧縮空気になることによって変化した空気には、高温のガス状気体、窒素、亜硫酸ガス、微粒子油分、水蒸気などが含まれています。微粒子油分というのは、コンプレッサの中の潤滑用としてあるオイルが圧縮空気に混入したものです。

表 1-2 に空気の組成を示します。

表 1-2 空気の組成

	N_2	O_2	Ar	CO_2
体積組成	78.09	20.95	0.93	0.03
重量組成	75.53	23.14	1.28	0.05

その他にも微量含有分子として、水素、ネオン、ヘリウムなどが含まれています。圧縮空気中の水蒸気は、高温ガス状の水蒸気になり、配管を通る間に冷却され、飽和水蒸気になって水滴になります。これをドレンといいます。

図 1-1 に圧縮された飽和空気中に残留する湿分を示します。

さて、気体は液体に比較して、分子間の距離が大きくその運動が自由です。

運動している分子が他の分子に衝突するまでに動く距離は、気体の圧力と温度に関係します。普通その距離は 6.4×10^{-6} cm ですから、空気の分子の直径の約 170 倍に相当します。

気体はこのように分子間の距離が大きいため、分子相互間の力が弱く、その体積変化も容易であることが、圧縮性が大きい理由です。

また圧力、温度の変化によって、体積が変化する度合が液体に比して大きいのも特徴です。

しかし、粘度は水に比べて 1/100 程度ですから、通常無視されており、潤滑性がほとんどないことを意味しています。

第 1 章 空気圧技術の基礎

図 1-1 圧縮された飽和空気中に残留する湿分

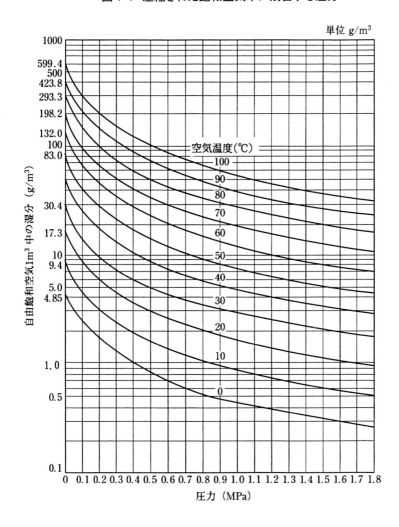

第1章 空気圧技術の基礎

（2）空気圧の物理学

1）ボイル・シャールの法則

　空気圧システムのトラブルは、高等学校で学習する程度の物理知識があれば理解することができます。

　空気の圧縮性については、パスカルの法則とボイルの法則があります。パスカルの法則とは、「密閉した容器中の静止流体の一部に加えた圧力は、流体の各部に等しい強さで伝達される。」というものです。

　ボイルの法則は、「温度が一定ならば一定量の気体の圧力と体積の積は一定である。」というものです。

　圧力が低いほどこの法則は厳密になり、圧力が高くなるほど、この法則から外れますが、一般の空気圧利用における適用範囲では通用します。また、温度が一定ならば気体の密度は圧力に比例します。

　「圧力が一定ならば一定量の気体の体積はその絶対温度に比例する。」これをシャールの法則といい、低温になるほどこの法則から外れます。

　低温でもこの法則が成立するならば－273.15℃では気体の体積は"ゼロ"

となるはずです。実際には－273.15℃になる前に気体は液体または固体化します。

次の式は気体の性質についての重要なボイル・シャールの法則です。

$Pv = RT$ (1.1)

ここでPは絶対圧力（Pa）、vは比体積（m^3/kg）、Tは絶対温度（K）であり、Rはガス定数（J/（kg・K））です。

2）空気の比熱

温度変化により体積が変化する現象は、空気量の変化となります。温度の精密な変化がシステムに影響する場合もあります。たとえば、温まった空気を圧縮する場合、圧縮効率が悪く、圧縮空気を作るのに消費電力は多くなります。低い温度の空気、また乾燥した空気の場合、圧縮効率は良くなります。

液体や固体の比熱は、その物体を熱したときあまり問題となりませんが、空気の場合は、このように温度を変えると体積や圧力が容易に変化して問題となります。

そこで、ここでは定積比熱、定圧比熱、比熱比という考え方をみてみます。

定積比熱（C_P）とは、気体体積を一定に保ち、圧力を変化させながら熱した場合の比熱をいいます。

定積比熱（C_P）＝ 1004.3（J/kg・K）

定圧比熱（C_v）とは、圧力を一定に保ち、体積を変化させながら熱する場合の比熱をいいます。

定圧比熱（C_v）＝ 716.7（J/kg・K）

比熱比（κ）とは、定圧比熱（C_v）に対する定積比熱（C_P）の比をいいます。

比熱比（κ）＝定積比熱（C_P）÷定圧比熱（C_v）
    ＝ 1.40（空気の場合）

$C_P > C_v$ となるのは定圧比熱の場合、温度が上がると体積は増加し、外

部に逆らって仕事をして余分な熱を必要とします。比熱比は常に 1 以上の値となります。

3）断熱変化と断熱膨張

　空気圧に関係する空気の性質として、断熱変化、断熱膨張という考え方もみてみましょう。管路内を圧縮空気が流れているとして、管壁が十分熱に対して絶縁してある場合、熱は管の外部から入ってこないし外部へも出て行かない、このような場合を「断熱」といいます。しかし、管路内の摩擦によって温度に変化が生じます。

　断熱変化による温度変化は、圧縮空気配管内部や空気圧機器の内部、ノズル出口、フラッパ部分などの断熱膨張現象で温度変化が生じ、圧縮空気中から発生する水分（ドレン）に関係します。

　また、断熱膨張とは、外部の温度の影響を受けない状態における気体の状態変化をいいます。しかし、空気圧機器における弁の切換時などの空気の変化は、断熱変化に近いものとして取り扱います。

　断熱膨張による温度変化は次の式により求めます。

$$\frac{T_1}{T_2} = \left(\frac{V_2}{V_1}\right)^{K-1} \quad (1.2)$$

T_1：初めの空気温度（K）
T_2：変化後の空気温度（K）
V_1：初めの体積（m³）
V_2：変化後の体積（m³）
K ：断熱指数（= 1.4）

4）ベルヌーイの定理

　流体が急激な圧力変化のない定常流で流れる場合、**図 1-2** のように 2 つの断面（①、②）を通る流体のエネルギは、次の式で示すように一定になります。

図1-2 ベルヌーイの定理

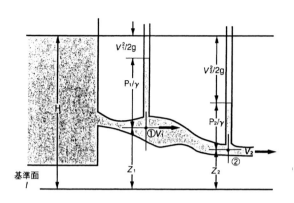

$$\frac{v_1^2}{2g}+\frac{P_1}{r}+Z_1=\frac{v_2^2}{2g}+\frac{P_2}{r}+Z_2=H \qquad (1.3)$$

　これをベルヌーイの式といい、定常流に関する重要関係式です。またこれは、運動エネルギ（$v^2/2g$）、圧力エネルギ（$P/γ$）、位置エネルギ（Z）の総和が常に一定であるというエネルギ保存の法則をも示しています。これをベルヌーイの定理といいます。

　すなわち、「エネルギはその形をどのように変えても、外部との間にエネルギの交換がなければ、その総和は一定であり、交換があれば、その交換量だけ増減する」というものです。

　エネルギ保存の法則は、動いている物体たとえば、流れる水が、その速度を減らすことによりその分だけの仕事をする能力を持っていることを示しています。

　このエネルギを運動エネルギといいます。

　また、地球重力下にある高所の水の場合などのように、その質点が力の作用する方向に移動して仕事をするエネルギを位置エネルギといいます。運動エネルギと位置エネルギをあわせて機械的エネルギ（力学的エネルギ）といいます。

5）流体エネルギ式

　流体のエネルギ式は、ノズルやオリフィス、電磁弁などの空気流量能力、空気の充填特性、放出特性の基礎式になります。流管の断面積が減少する部分は、流速が増加して圧力が減少し、断面積が増加する部分は流速が減少して圧力が増加します。

　圧縮性流体の正常流れは、流速が遅い範囲であれば普通の流れと同じような現象ですが、流速がある一定以上になると圧力や流速の増減が非圧縮性の場合とは異なった現象を起こします。

　単位時間に流れる流体の重量を重量流量（W）といい、単位時間に流れる流体の容積を容積流量（Q）といいます。

　WとQの関係は、

　重量流量（W）＝比重量（γ）×容積流量（Q）

となります。

　先細ノズルに緩やかに広がる末広部（ラパール管）を付けたものを"中細ノズル"（先細末広ノズル）といい、末広部で超音速の流れが得られます。（図1-3）

　一般に、流れの圧力エネルギを運動エネルギに変換する絞りを"ノズル"といい、断面積が流れの方向に単調に減少する形状が"先細ノズル"です。

図1-3　絞り部分の流れと圧力

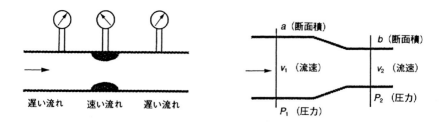

6）ハーゲン・ポアズイユの法則

流体の流れは異なった二つのパターンに分けられます。

空気圧機器内部の狭いすきまの流れは、一般に層流となることが多いので、ここでは圧力とすきま流れについて考えてみます。

円管内を流体が図 1-4 のように層流の状態で流れているときには、任意の位置の流速 u は、

$$u = -\frac{1}{4\mu} \cdot \frac{dp}{dx}(r_2^2 - r^2) \qquad (1.4)$$

または流量は、

$$Q = \int_0^{r_2} 2\pi r u \, dr = -\frac{\pi r_2^4}{8\mu} \cdot \frac{dp}{dx} \qquad (1.5)$$

となります。これはハーゲン（G. Hagen, 1793-1884）・ポアズイユ（J.L.Poiseuille, 1799-1869）の式で広く活用されています。

つまり層流管内流れでは、同じ圧力こう配において、流量 Q は管径 r_2 の 4 乗に比例する、ということです。

図 1-4 ハーゲン・ポアズイユの法則

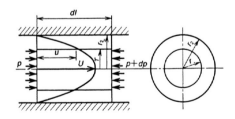

また、平行なすきま内の流れは、レイノルズ数が小さく、層流であるとして計算を進めることができます。

また、環状すきまであっても直径に比して、すきまが非常に小さい場合も平行平板として求められます。前項と同様にして、任意の位置 y における流速 u は（図 1-5）、

$$u = -\frac{1}{2\mu} \cdot \frac{dp}{dl}\left(\frac{\delta^2}{4} - y^2\right) \qquad (1.6)$$

その流量をQとすれば、

$$Q = \frac{\delta}{3\mu} \cdot \frac{dp}{dl} \cdot \frac{\delta^2}{4} b = \frac{\delta^3 b}{12\mu} \cdot \frac{dp}{dl} \qquad (1.7)$$

となり、その流量Q（一般には圧力側からの漏れ流量と考えられる）は、そのすきまδの3乗に比例して多く流れることを示しています。

図1-5 平行なすきま内の流れ

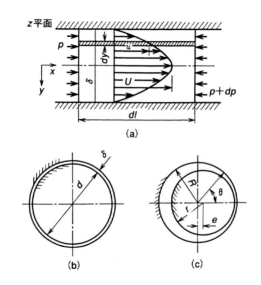

7）気圧とゲージ圧力

　ここで、圧力の表示について説明しておきましょう。私たちは普段"気圧"といっていますが、気圧とは何でしょうか。

　空気の圧力がない状態は、空気分子が全く存在しない状態（完全真空）であり、物理的に圧力"ゼロ"です。地球上では大気圧(0.1013Mpa)がかかっています。

大気も物質であり質量を持っていますから、地表付近では $1\,\text{m}^3$ について 1.2kg の質量を持っています。

これは、トリチェリーが実験で測定した値で、これを標準気圧とし、"1 気圧" としています。地球を取り巻く大気全体の重さは、地球表面を 760mm の厚さの水銀層で、取り巻いた質量に重力の加速度 $9.8\,\text{m}/\text{s}^2$ が加わった重さに等しいことになり、760mm の水銀柱による圧力は、水銀の密度が $1.36 \times 10^4 \text{kg}/\text{m}^3$ から 1 気圧は、

$$1.36 \times 10^4 \times 9.80 \times 0.76 = 101.3\text{kPa} = 0.1013\text{MPa}$$

となります。

ゲージ圧力とは、大気圧状態の圧力計の基準を "ゼロ" として表示した圧力で、大気圧力を無視したものです。ゲージ圧力を識別する必要のある場合は、gauge、または（G）を付記しますが、一般的に識別記号は付記しないで使用しています。

絶対圧力とは、大気圧状態を "ゼロ" 基準として大気圧力を加えた圧力表示で、大気圧力を識別する必要がある場合は、ａｂｓを付記します。ａｂｓは absolute（絶対）の意味です。

絶対圧力＝ゲージ圧力＋標準大気圧力（0.1013MPa）

空気圧の計算では、絶対圧力を使用します。

第2章

空気の質と調整機器

　前章では、空気圧技術とはどういうものか、ということを解説し、なかでも清浄な圧縮空気をつくりだすことが空気圧技術の"要"であることを述べました。ここでは、空気圧として使える圧縮空気がどのようにしてつくられるかを解説します。

　ここでは、いろいろな空気圧機器がはじめて登場します。エアコンプレッサ、エアフィルタ、エアドライヤ、ルブリケータ、レギュレータなどです。それぞれ目的、役割をもっており、いわば空気圧システムの前半部を支える主役たちです。大きく分けると圧縮空気を発生させる機器と、圧縮空気の質を調整する機器に分けることができます。それでは、機器の仕組みや機能を説明しながらきれいな空気圧が誕生し、戦場の仕事場へ出ていくのをみることにしましょう。

2-1 空気圧基本システム

（1）空気圧システムの構成

図 2-1 に空気圧基本システムの構成を示します。

図 2-1 空気圧基本システム構成図

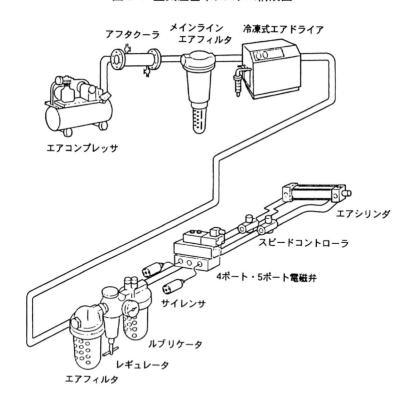

左上から配管に沿って紹介します。エアコンプレッサからアフタクーラ、メインラインエアフィルタ、冷凍式エアドライアまでが圧縮空気発生源システムです。

配管の下にきてエアフィルタ、レギュレータ、ルブリケータは、空気の質を整えるものです。また、サイレンサから電磁弁、スピードコントローラまでは、空気圧の速度や方向を決めるものです。

空気を機械的な力に変えるエアシリンダについては第4章でお話します。

空気圧を使用する装置は、基本システムの流れの末端でエアシリンダにつながって使用されます。機械や装置によっては、その使用目的に合った圧縮空気を使用しないと、空気圧機器の寿命を縮めたり、誤動作させたりして信頼性を低下させることになります。

(2) 機器の役目
次に、空気圧基本システムに使用されている機器の役目を示します。

1) エアコンプレッサ
大気を吸い込み圧縮し、圧縮空気を作ります。

2) アフタクーラ
コンプレッサで作られた圧縮空気は高温(80℃以上)になっているので、温度を下げ水滴を発生させて除去します。

3) メインラインエアフィルタ
圧縮空気中のゴミや水、油を取り除き各制御機器を保護するため回路の前方に取付けます。

4) 冷凍式エアドライア
圧縮空気の温度を下げて、水蒸気を凝縮させ、その水を排出して空気を乾燥させます。

5) エアフィルタ
空気圧自動制御回路に使用するエアフィルタは、遠心分離式フィルタを指し、遠心分離機能と粉塵除去用のエレメントを備えたものをいい、配管内のゴミを取り除きます。

6）レギュレータ（減圧弁）

空気圧源の変動があっても、常に安定した圧力を供給するため、圧縮空気の圧力を取り除きます。

7）ルブリケータ

圧縮空気ラインの中に潤滑油のオイルを粒子にしてシリンダや電磁弁へ潤滑油を送ります。

8）サイレンサ

方向切換弁の排気ポートに取付けて排気音を小さくします。

9）4ポート・5ポート電磁弁

エアシリンダのピストンの「押し」「引込み」の切替をします。

10）スピードコントローラ

エアシリンダから流出する空気量、流入する空気量を調整して、エアシリンダのスピードを調整します。

11）エアシリンダ

ピストンに加えられた空気圧力によって、「押し」「引張り」などの機械的な運動をします。

2-2 コンプレッサ

（1）コンプレッサの種類と選定

　空気圧を利用するには、まず空気圧を発生する機械が必要です。空気圧発生装置には、空気圧縮機（エアコンプレッサ）やブロアがあります。しかしブロアは、0.1MPa 未満の空気発生器であり、生産設備の機械に使われるのは、エアコンプレッサ（以下コンプレッサ）です。

　コンプレッサは種類が非常に多く、空気圧技術に取組むにもある程度の知識が必要です。詳しく勉強したい場合はコンプレッサの専門書に譲るとして、本書では、一般的なコンプレッサについて述べます。

　圧縮空気圧源システムには、コンプレッサとその周辺機器があります。人間の身体を空気圧システムとすると、コンプレッサは心臓にあたります。普段目立たない場所にあるので、「日陰の花」にたとえられます。

　コンプレッサでは、最近は騒音防止効果があるスクリュー式が多く採用されています。スクリュー式は使用目的によっては大きなムダを生じることもあり、コンプレッサのコントロールシステムが使用上の重要なポイントになります。コンプレッサには、往復型と回転型があります。

　コンプレッサの分類を図 2-2 に示します。図 2-3 に標準的なコンプレッサの構造を示します。

第2章 空気圧の質と調整機器

図 2-2 コンプレッサの分類

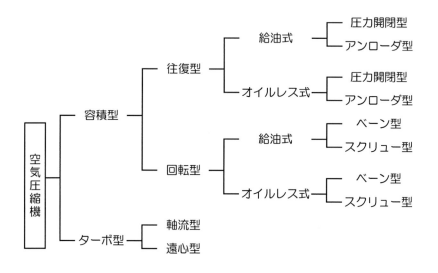

図 2-3 標準的コンプレッサの構造

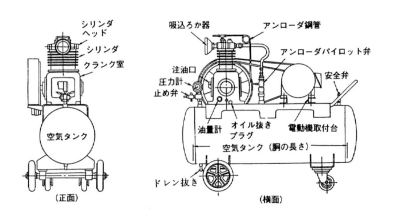

（2）往復型コンプレッサ

　ピストンの往復運動によって空気を圧縮する圧縮機で、一般にレシプロ式コンプレッサと呼ばれています。圧縮効率がよく、風量の小さい場合、圧力比を高くすることができます。圧縮空気を作るための断熱圧縮によって高温になることもあります。

　高温では、潤滑油が酸化してタールやカーボンとなります。それが圧縮空気とともに空気圧機器の中に入り、いろいろなトラブルの原因となります。150℃以上になると酸化による劣化が急激に進行し、圧縮空気が0.5～1MPaくらいでも潤滑油は150℃程度で発火することもあります。吐出圧縮空気が170℃以上の場合は、かなり高い比率で火災や、破壊のトラブルが発生します。

　吐出温度は圧縮比にも大きく関係します。表2-1、表2-2に示すように、吸込空気が20℃の場合、これを0.7MPaに圧縮すると、理論計算においては253℃にもなります。この状態の中に様々なものが吸い込まれ、圧縮空気に混入して送り出されていきます。

表2-1　吐出圧力と吐出空気温度

（理論計算）

吐出圧力	1段圧縮	2段圧縮
3	145℃	
6	215℃	
7	253℃	133℃
10	290℃	165℃

＊吸込空気温度 20℃時

表 2-2 往復型コンプレッサによる温度上昇
（理論計算）

圧縮＼吸込温度	10℃	20℃	30℃	40℃
4kgf/cm²	146	161	175	190
6kgf/cm²	198	215	232	249
7kgf/cm²	219	253	255	272
10kgf/cm²	270	290	309	328

（3）回転型コンプレッサ

　スクリュー型の場合は、往復型のように高温にならず、80〜100℃程度です。水冷式の場合は60℃程度の吐出圧縮空気なので、高温によるトラブルはありません。往復型のように潤滑油がタールやカーボンを発生させることもなく、潤滑油が吸込空気と混合し、オイルは蒸気となって、圧縮空気と一緒に送り出されます。

2-3 アフタークーラ

アフタークーラはコンプレッサの吐出配管のできるだけ近くに取付けます。
その理由は高温で吐出された出口近くは、タール、カーボン、生オイルなどが溜まりやすく、また高温のため発火しやすいので、早く冷却することが必要になり、冷却して空気温度を下げ、水滴にします。

冷却には水冷式と空冷式がありますが、その能力の目やすは、
①水冷式＝水温＋10℃
②空冷式＝周囲温度＋15℃
となっています。

アフタークーラの冷却水はコンプレッサの冷却水のように処理します。冷却水の入口温度と出口温度の管理において、工業用水やクーリングタワー冷却水を利用する場合には、管理システムが必要となってきます。なぜなら水温は朝、昼、夜と時間とともに変化し、気温にも左右されるので、高度な管理が必要です。図2-4にアフタークーラ配管図（例）を示します。

図 2-4 アフタークーラ配管図（例）

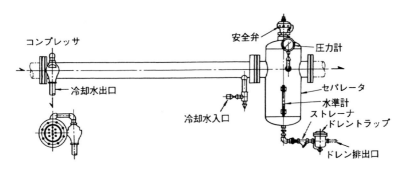

2-4 空気圧タンク

（1）空気圧タンクの目的
1）空気の保管
　圧縮空気の消費量が、一時的にコンプレッサの吐出量以上になるような場合、そのピーク量を貯めておいた空気で補う目的で設置されます。このために消費量の変動値を吸収できる大きさのものを設置します。また圧縮機が故障した時、必要な機器が正常に作動できる圧力を保つためにも必要です。

　タンク容量の求め方は次式の通りです。

$$V = \frac{(\theta_2 - \theta_1)P_0}{P_1 - P_2} \cdot \frac{t}{60} \quad (2.1)$$

　V　：空気圧タンク容量（ℓ）
　P_0　：大気圧力（0.1013MPa）
　P_1　：空気圧タンク内最高圧力（MPa）
　P_2　：空気圧タンク内許容最低圧力（MPa）
　θ_1　：圧縮機から空気タンクへ供給される空気量（ℓ/min）
　θ_2　：消費空気量（ℓ/min）
　t　：1分間内における消費作動時間（秒）

2）放熱効果
　スクリュー式コンプレッサの場合、吐出圧縮空気温度も往復型（レシプロ型）に比べると低く、脈動も少ないという理由から、空気圧タンクの設

置を除外しているというケースもあります。
　しかし、このために、ドレンの発生量が多くなったという例もあります。空気圧タンクを設置する場合は十分な検討が必要です。

3）脈動・サージ圧対策

　空気圧タンクは、圧縮空気の冷却用、排水用としての役目を果たしますが、サージ圧（過渡的に上昇した圧力の最大値）の吸収や、脈動圧の吸収など、タンク自体が圧力調整機能を持っています。
　とくに脈動圧は機器の寿命を短くしたり、振動の原因ともなります。

（2）空気圧タンクの設置

　空気圧タンクの設置条件を十分検討することにより、大きな効果が得られます。基本的な設置としては、クリーンエアシステム構成図（**図2-5**）のようにコンプレッサ→アフタークーラ→ドレンセパレータ→空気圧タンク（A）→の位置に設置します。
　また、空気圧タンク（B）の場合〔空気圧タンク（A）→メインラインフィルタ→冷凍式ドライア→空気圧タンク（B）→〕は、逆に熱収集がその目的ですから、周囲温度の高い場所に設置します。

第2章 空気圧の質と調整機器

図 2-5 クリーンエアシステム構成図

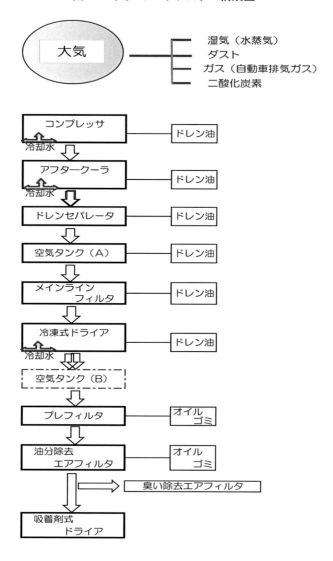

2-5 冷凍式ドライア

(1) 冷凍式ドライアの機能

冷凍式ドライアの機能は、圧縮された空気の中に存在する水蒸気(湿分)を冷却することによって水蒸気を凝縮させ、水分として分離することを目的として使用します。(図 2-6)

一般に大気の相対湿度が 60 ～ 70％の空気であれば、圧縮により水蒸気は飽和状態となります。この飽和水蒸気の圧縮空気は、温度が低下すれば水滴化する不安定な状態にあります。この飽和状態と過飽和状態の境になる温度－水滴化する時の温度を「露点」といい、コンプレッサで圧縮された空気のその温度における湿度 100％の圧縮空気のことを「加圧露点」といいます。

図 2-6 冷凍式ドライア

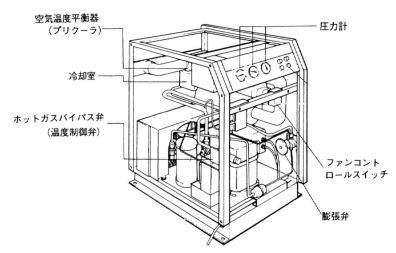

（2）冷凍式ドライアの基本構造

冷凍式ドライアの基本構造を図 2-7 に概念図で示します。

暖かい湿った圧縮空気は、空気温度平衡器A（熱交換器）において、冷却除湿された圧縮空気によって予冷され、次いで冷却室Bに入って冷たい冷媒ガスにより冷却され、加圧露点 10℃まで冷却されます。冷却器の中に入った圧縮空気の中の水蒸気（湿分）は、前に述べたように凝縮して過飽和になり、ドレン（水分）となってドレン排出口Cに流出して、一般には自動排水機構の排出器から放出されます。

図 2-7 冷凍式ドライアの基本構造（概念図）

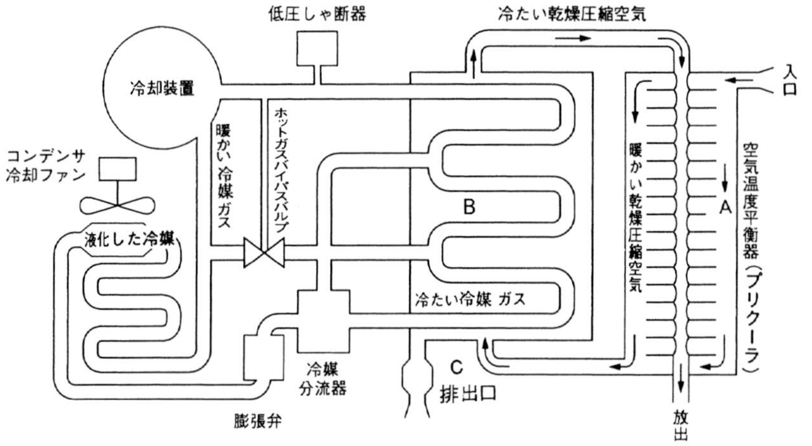

（3）冷凍式ドライアの使い方

大型装置と小・中型装置、また空冷式と水冷式などによって管理点が異なりますが、基本的な管理事項は同じです。以下に運転前チェックについて述べます。

第2章 空気圧の質と調整機器

a）コンプレッサ運転の 10 分程度前にドライアの運転をすること。これは冷凍式ドライアの機能がととのってから圧縮空気を通さないと、その間除湿されないで流れ、空気圧機器内でドレンを発生する危険があるためです。

b）水冷式の場合は、水のチェックを行います。コンプレッサにおける冷却水の管理と同じ考え方でチェックします。

c）空冷式の場合、できるだけ涼しいところからの風がよく入るようにする必要があります。夏には特に配慮が必要です。

d）大型装置では、クランクケースのオイル用ヒータへの通電は予熱時間を必要としますので、必要時間通電することが大切です。

第2章 空気圧の質と調整機器

2-6 空気圧フィルタ

(1) 空気圧フィルタの条件

　空気圧システムの中で使用されるフィルタを空気圧フィルタ（以下フィルタ）といいます。このフィルタは、圧縮空気から固形異物や固体及び液体の汚染物質、さらに凝縮水分を除去することを目的としています。最高使用圧力は 1 MPa（10.2kgf/cm^2）以下で、周囲温度及び使用空気温度は－5～60℃（ただしフィルタ内部は氷結しないもの）になっています。フィルタの種類は口径及びろ過度によって**表 2-3** のように分けることができます。フィルタの寸法を**図 2-8** に示します。

　また、**図 2-9** にフィルタの構造を示します。

表 2-3　種類及び表示記号

口径の呼び	ねじ継手の呼び	基準流量 1/min(ANR)	ろ過度 μm	表示記号
6	Rc1/8	450	5, 10, 40	FA－6－□
8	Rc1/4	900		FA－8－□
10	Rc3/8	1700		FA－10－□
15	Rc1/2	2700		FA－15－□
20	Rc3/4	4300		FA－20－□
25	Rc1	7100		FA－25－□

＊備考：ねじ継手のねじは、JIS B 0203 に規定する管用テーパめねじとする。

第2章 空気圧の質と調整機器

図2-8 フィルタの寸法

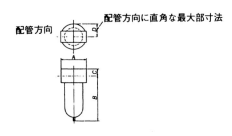

単位mm

口径の呼び	A								B（最大寸法）	C（最大寸法）	D（最大寸法）
	40	50	63	71	80	90	100	112	125			
6	○	○	○	○	—	—	—	—	—	140	20	35
8	○	○	○	○	○	—	—	—	—	170	25	50
10	—	—	○	○	○	○	—	—	—	180	25	50
15	—	—	—	—	○	○	—	—	—	180	25	50
20	—	—	—	—	—	○	○	○	○	250	35	80
25	—	—	—	—	—	○	○	○	○	270	45	100

図2-9 フィルタの構造

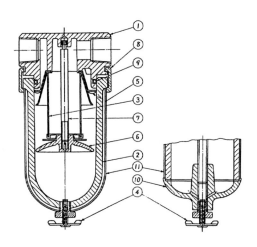

番号	名称	番号	名称	番号	名称
①	本体	⑤	ディフレクタ	⑨	ガスケット
②	ケース	⑥	バッフルプレート	⑩	ボットムカバー
③	フィルタエレメント	⑦	ロッド	⑪	ケースガード
④	ドレン弁	⑧	クランプリング		

フィルタの交換や点検は、配管を取り外さないでできることが必要です。また、フィルタケースは、内部の状態が簡単に観察できるものであることが望ましく、材質は金属製または合成樹脂製があります。合成樹脂を用いる場合は残留ひずみがなく、容易に破損・変質しないものが必要で、万一ケースが破損した場合でも破片が飛んで危険でないことが必要です。

　また、フィルタエレメントは、通過する空気中の固形異物や凝縮水分を細くしますが、洗浄や交換が容易であることが必要で、材料が破損したりはく離して空気中に混入しないことが大切です。

　フィルタの部品で、ディフレクタは凝縮する水分を分離する機能があります。

　また、ドレン弁は、フィルタの下部に取付け、ドレンを取り出す際、手を汚さずに容易に取り出せることが必要です。

　フィルタに使用するガスケットは水分、油分に侵されにくいものを使用します。また、同一設計のフィルタの主要部品は互換性を持つこととなっています。(JIS B 8371) 耐食材料以外のフィルタは、塗装その他の方法によって錆止め処理が施されています。

　図 2-10 に空気浄化システムを示します。

第2章 空気圧の質と調整機器

図 2-10 空気浄化システム

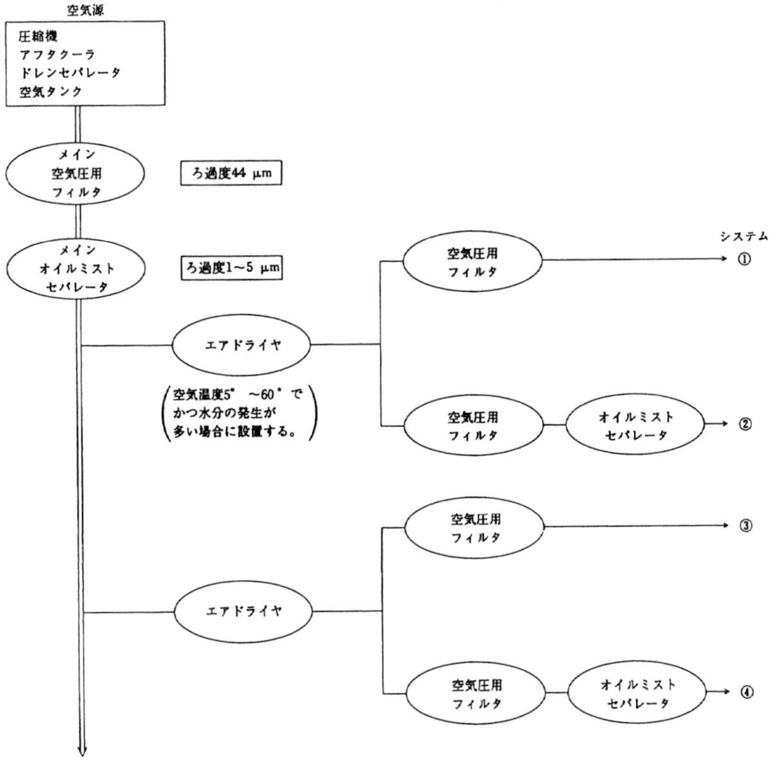

```
空気源
┌─────────────┐
│ 圧縮機        │
│ アフタクーラ  │
│ ドレンセパレータ│
│ 空気タンク    │
└─────────────┘
      │
  ┌───────┐
  │ メイン │        ┌ろ過度44 μm┐
  │空気用 │
  │フィルタ│
  └───────┘
      │
  ┌───────┐
  │ メイン │        ┌ろ過度1~5 μm┐                ┌─────┐
  │オイルミスト│                              ┌─│空気圧用│──────────→ システム ①
  │セパレータ│                              │  │フィルタ│
  └───────┘                              │  └─────┘
      │           ┌─────┐            │
      ├──────│エアドライヤ│──┤
      │           └─────┘            │  ┌─────┐    ┌──────┐
      │    (空気温度5°~60°で             └─│空気圧用│──│オイルミスト│→ ②
      │     かつ水分の発生が                │フィルタ│  │セパレータ │
      │     多い場合に設置する。)           └─────┘    └──────┘
      │
      │                                     ┌─────┐
      │                              ┌─│空気圧用│──────────→ ③
      │           ┌─────┐            │  │フィルタ│
      ├──────│エアドライヤ│──┤  └─────┘
      │           └─────┘            │
      │                                    │  ┌─────┐    ┌──────┐
      │                                    └─│空気圧用│──│オイルミスト│→ ④
      ↓                                        │フィルタ│  │セパレータ │
                                                 └─────┘    └──────┘
```

備考1. 空気源は,40 ℃以下とする。
  2. エアドライヤは,使用端で要求される湿度によって,到達露点(大気圧換算)が-10~-30 ℃の場合は,冷凍式を,到達露点が(大気圧換算)が-30 ℃を超える場合は,吸着式を使用する。
  3. 空気圧用フィルタは,JIS B 8371に規定のろ過度5 μm,10 μm及び44 μmのものとする。
  4. システムは,次によって選択する。

システム	使用空気の温度範囲 (℃)	システムの後に使用する給油装置の有無	適用シリンダの例
1	5~60	あり	高頻度を含む一般的使用の給油シリンダ
		なし	低頻度使用の無給油シリンダ
2		なし	低頻度使用の無給油シリンダで廃棄汚染を嫌う場合
3	-5~60	なし	高頻度を含む一般的使用の無給油シリンダ
4		なし	高頻度で油廃棄汚染を嫌う場合

（2）メインラインエアフィルタ

1）メインラインエアフィルタの構造

　メインラインエアフィルタ（以下メインラインフィルタという）は、ドレンセパレータ以降の回路で発生するドレン、油分、不純物を除去することによって、使用に耐えるレベルの圧縮空気にするためと、冷凍式ドライアの保護用として使用します。

　フィルタ入口から入った圧縮空気は、過飽和となって水滴化したドレンを分離するために、まずルーバディフレクタに導入されます。ここで遠心旋回させられて水滴が分離されます。ルーバディフレクタで分離除去できなかったダストやオイルミストはフィルタエレメントでろ過します。

　フィルタエレメントとしては3ミクロンか5ミクロンのエレメントが使用されます。フィルタエレメントの目づまりは圧力損失の発生となりますので、充分な管理が大切です。この圧力損失はメインラインフィルタの大きさによっても寿命が長くなったり、短くなったりします。圧縮空気の消費量が増大することにより、圧力損失が高くなるケースもあります。フィルタエレメントの目づまり状況は差圧計による圧力損失測定で知ることができます。

　図2-11に示すように、異物を捕捉しつづけるとフィルタの差圧力（△P）は時間とともに上昇します。

図 2-11　フィルタの差圧

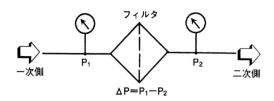

2）タール・カーボンの除去方法

　往復型コンプレッサを使用する場合、タール・カーボンが吐出されます。このタールやカーボンは付着性や粘着性があるため、減圧弁や電磁弁のしゅう動部分に固着します。タールやカーボンは給油式コンプレッサ特有のもので、専用のフィルタを使用することになります。

　タールやカーボンは1～10ミクロンの粒子になっており、その大部分は0.5～1ミクロンの粒子で、一般に使用しているエアフィルタの5ミクロンや3ミクロンのフィルタエレメントでは除去できず通過してしまいます。これは蒸気の状態で存在するために特殊なエレメントを必要とします。

（3）エアフィルタ
1）エアフィルタの構造と機能

　エアフィルタと呼ばれているものは、一般に配管の端末で空気圧機器の駆動機器の直前に取付けられるものをいいます。能力的には一般に、

a．接続口径による分類
b．最大流量特性による分類

によって選択使用されています。

2）エアフィルタの作動

　圧縮空気は、ルーバディフレクタに入り、ここで遠心旋回力を与えられ、この遠心旋回によって水滴、油滴、不純物など質量の大きいものはボウルに衝突してボウルの下方に送られ、バッフルの下部へと降下します。エアフィルタの内部はバッフルによって区切られており、バッフルより上部の遠心旋回する圧縮空気の影響を受けないように配慮されています。

　しかしバッフル近くまでドレンなどが溜まれば、エアフィルタの機能は失われます。このために溜まったドレンを排水するための自動排水器（図2-12、図2-13）があります。

　自動排水器は単品ですが、小型自動排水器（図2-12）の場合はエアフィルタのドレンバルブを取り外して、簡単に取付け交換できるようになっています。

第2章 空気圧の質と調整機器

また、エアフィルタのオプション部品として最初から取付けられているものもあります。

図 2-12 小型自動排水器の作動説明

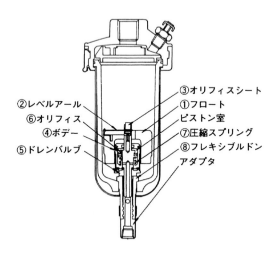

図 2-13 大型自動排水器の作動説明

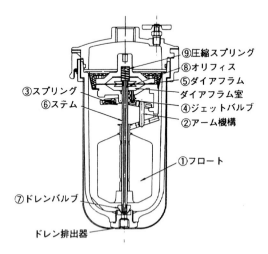

第2章　空気圧の質と調整機器

3）エアフィルタの取付

　エアフィルタの設置目的は、空気圧機器にとって有害な不純物を除去することですから、エアフィルタの設置以降で不純物が発生するような取付け位置では困ります。

　配管内の不純物や錆の発生、工事等による配管内不純物の発生によるトラブルも多く、末端にエアフィルタを取付けることが必要となります。

　特に末端に設置されるフィルタの機能は大切になります。

　エアフィルタ取付けの注意事項は次の通りです。

a．使用する空気圧機器のできるだけ近くに取付けること。
b．不純物の発生しない配管材料を使用すること。
c．目に見えてメインテナンスしやすい位置に取付けること。
d．周囲雰囲気がエアフィルタに有害な場合は、メタルボウルを使用するなどの配慮をすること。
e．直射日光が当たる位置への設置はしないこと。
f．ボウル破損の恐れのある場合は、保護するかメタルボウルを使用すること。

2-7 減圧弁

（1）減圧弁の定義と種類

　減圧弁は「入口側の圧力にかかわりなく出口側圧力を入口側圧力よりも低い設定圧力に調整する圧力制御弁」と定義することができます。

　つまり使用流量や空気圧源のどのような圧力変動があっても、常に安定した圧力を供給する目的で使用されるものです。

　またリリーフ付減圧弁は、「2次側の圧力を、より低い設定値に変更する場合、その設定を容易にする目的のリリーフ機構をもつバルブ」と定義されます。

　空気圧システムに使用する1MPa（10.2kgf/cm^2）用空気圧減圧弁（以下減圧弁）は、空気圧力を所定の圧力に調整できる機構を備えたもので、内圧に耐える十分な強さを備えたものです。

　入口側の圧力が設定圧力0.05〜0.7MPa（0.51〜7.1kgf/cm^2）より0.05MPa（0.51kgf/cm^2）以上高いものとなっています。最高使用圧力は減圧弁の入口側において1MPa（10.2kgf/cm^2）以下、周囲温度及び使用空気温度は−5〜60℃（ただし減圧弁の内部は氷結しないもの）となっています。

　減圧弁の種類は、口径及びリリーフ弁機構の有無によって**表2-4**のようになっています。

第2章　空気圧の質と調整機器

表 2-4　種類及び表示記号

口径の呼び	ねじ継手の呼び	リリーフ弁機構	表示記号
6	Rc1/8	なし	RV－6
8	Rc1/4	なし	RV－8
10	Rc3/8	なし	RV－10
15	Rc1/2	なし	RV－15
20	Rc3/4	なし	RV－20
25	Rc1	なし	RV－25
6	Rc1/8	あり	RV－6R
8	Rc1/4	あり	RV－8R
10	Rc3/8	あり	RV－10R
15	Rc1/2	あり	RV－15R
20	Rc3/4	あり	RV－20R
25	Rc1	あり	RV－25R

（2）減圧弁の構造

　減圧弁の構造を図 2-14 に示します。減圧弁の入口側及び出口側の管接続口の位置は、同軸上にあることが必要です。減圧弁はハンドルによって圧力の調整を連続的に行うことができ、設定圧力を著しく超えた圧力調整はできません。また圧力計は、減圧弁の向きが変わっても出口側の圧力を測れるよう2箇所に設けます。

　減圧弁には設定圧力を高圧から低圧へ変えるため、出口側の空気を一部大気中に放出できるリリーフ機構を備えたリリーフ付き減圧弁もあります。リリーフ付減圧弁はリリーフ出口圧力が設定圧力を十分に超えた場合に作動し、限られた流量を排出します。

　また、フィルタと減圧弁を一つの本体で結合し、単独ユニットとしたフィルタ付減圧弁もあります。

　一般的にフィルタは減圧弁の上流側にあります。減圧弁の寸法を図 2-15 に示します。

　減圧弁は空気圧管理の重要な機器であり、機能が正常に作動しない場合には、安全対策、品質管理上の問題が発生することがあります。

第2章 空気圧の質と調整機器

図 2-14 減圧弁の構造

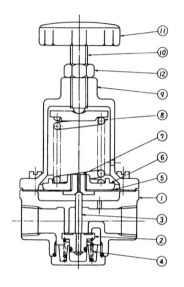

番号	名称
①	本体
②	弁体
③	ステム
④	弁ばね
⑤	ダイヤフラム
⑥	ダイヤフラム受け
⑦	リリーフ弁シート
⑧	調節ばね
⑨	ボンネット
⑩	調節ねじ
⑪	ハンドル
⑫	固定用ナット

図 2-15 減圧弁の寸法

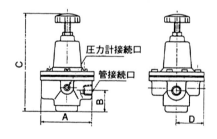

単位mm

口径の呼び	ねじ継手		A（選択寸法）							B 最大寸法	C 最大寸法	D 最大寸法
	管接続口	圧力計接続口	40	50	63	80	(90)	100	(112)	125			
6	Rc1/8	C1/4	○	○							45	180	45
8	Rc1/4		○	○	○	○					45	180	45
10	Rc3/8			○	○	○					45	180	45
15	Rc1/2				○	○					45	180	45
20	Rc3/4						○	○	○	○	56	250	63
25	Rc1						○	○	○	○	56	250	63

* 備考：圧力計接続口のねじ継手のねじは、JIS B 0202 による。ただし、受渡当事者間の協定によって JIS B 0203 に規定する管用テーパめねじを使用してもよい。

（3）直動形減圧弁

　減圧弁には直動形、パイロット形の2種類が一般的に使用されています。なかでも直動形の利用が圧倒的に多くあります。

　直動形減圧弁は、調節ねじで、調圧ばねのばね圧を調整することで、バランスした状態が維持されます。

　設定した圧力になると、ダイヤフラムの受圧面積に2次側圧力が作用し、調圧された状態の調節ばね力とバランス状態になると弁体のシール部が閉じます。また、2次側圧力が設定した圧力よりも低くなると、調節ばね力が勝ってステムを押し下げ、弁体のシール部が開いて空気が2次側に流れる構造になっています。

　図2-16に直動形レギュレータの機能を示します。

図2-16　直動形レギュレータ

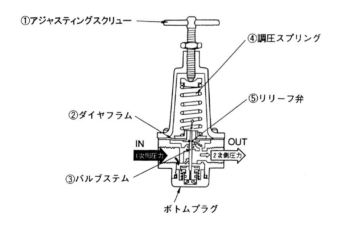

　①のアジャスティングスクリューを時計方向に回すと圧力が高くなり、反時計方向に回すと低くなります。

　②のダイヤフラムで、2次側圧力と調圧スプリングのバランスを保持します。バルブを開閉することにより、安定した圧力を2次側へ供給することができます。

③バルブステムは、ダイヤフラムとスプリングのバランスが崩れたとき、必要量だけ2次側へ供給しています。

④調圧スプリングは、スプリングの力に応じた圧力が2次側圧力となります。

⑤リリーフ弁は、2次側圧力が高くなったとき、大気へ圧縮空気を逃がします。

一方、アジャスティングスクリューをゆるめても、圧力計の表示が圧力を高くした場合のまま表示されている場合のレギュレータをノンリリーフ式といいます。

構造の違いは、②のダイヤフラムに③のバルブの先端位置のリリーフ用の穴があるかないかによります。一般にはこのダイヤフラムをリリーフ式、またはノンリリーフ式に簡単に交換することができます。

（4）パイロット形減圧弁

図2-17にパイロット形レギュレータを示します。

図2-17 パイロット形レギュレータ

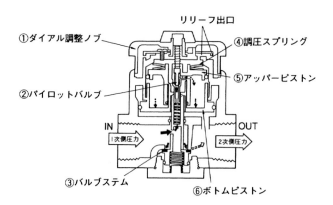

パイロット形レギュレータは、直動形レギュレータの調圧スプリングの代わりに管路内の圧縮空気を利用して調圧するものです。

このためパイロット部分の機構は複雑で流路も狭くなっていますので、圧縮空気の空気の質としてはできるだけよい状態のものを使用しなければ、レギュレータの機能を十分に発揮しません。特にタールやカーボンが直接パイロット形レギュレータに入る場合には、トラブルの原因になります。

①のダイアル調整ノブを回すことにより 0 ～ 0.11MPa の圧力を同時に設定することができます。

その原理は、ダイアル調整ノブを回すことにより、パイロットバルブの位置が変わり、2 次側の圧力を設定します。

④の調圧スプリングはばねを二枚重ねた構造で、小さなストロークで大きな力が得られます。

また、アッパーピストンと調圧スプリングでパイロット圧力を調整し、ボトムピストンは、2 次側圧力が設定圧力より高くなると、リリーフ弁が開き、大気へ逃がします。

2-8 ルブリケータ

（1）ルブリケータの機能

　ルブリケータは、空気圧システムの中で、シリンダやその他のアクチュエータ、方向制御弁などへ潤滑油（オイル）を空気の流れに送り込むように設計された機器で、オイルを霧化し、出口側に搬送します。
　水分やゴミが除かれ、圧力が一定化され調質された空気に対し、なぜ霧状のオイルを吹き込む必要があるのでしょうか。
　バルブやアクチュエータの滑動部分がスムーズに動くためには、オイルが必要だからです。このための機器がルブリケータです。ルブリケータはオイラとも呼ばれます。
　エアフィルタとルブリケータとが圧力調整弁と圧力ゲージを間に挟んでセットになって一体となっているものは一般に3点セットと呼ばれて販売されています。
　ルブリケータは通過する空気を遮断することなく、装置にオイルを補給します。滴下量の調整は調整ねじなどによって手動で、調整することができます。
　ルブリケータを壁や機械などに近接して設置したときも、正面から滴下状態が確認でき、容易にオイルの補給ができるようにします。
　ルブリケータを使用する空気圧回路には、ルブリケータの上流側にフィルタを備えます。

（2）ルブリケータの種類

　ルブリケータにはすべての油を空気の流れに送り込む全量式と、油の一部だけを空気の流れに送り込む選択式の２種類があります。**図 2-18** にルブリケータの種類を示します。**図 2-19** に固定式ルブリケータの構造を、**図 2-20** に可変式ルブリケータの構造を示します。

図 2-18　ルブリケータの種類

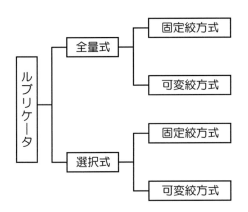

1）全量式可変絞方式

　空気流量の変化によってオイルミストの空気量が変化しないように、空気の通過部分に可変絞り機構を設けた構造で、これによって、生成されるオイルミストは常に一定の安定したものとなります。

2）選択式可変絞方式

　生成したオイルミストをボウル内に放出することによって、大きなオイルミストを降下させて取り除き、１滴の滴下オイルのうちの２～３％である非常に細かなオイルミストだけを使用できます。

第2章 空気圧の質と調整機器

図 2-19 固定式ルブリケータの構造（JIS）

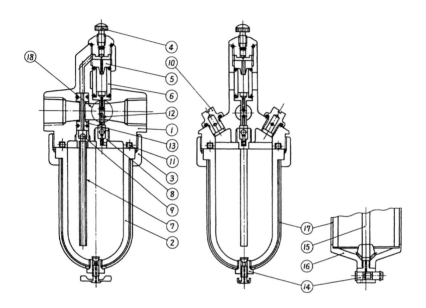

番号	名称	番号	名称
①	本体	⑩	給油栓
②	ケース	⑪	ガスケット
③	クランプリング	⑫	噴霧ノズル
④	調節ねじ	⑬	導油金具
⑤	ノズル	⑭	ドレン弁
⑥	滴下窓	⑮	ロッド
⑦	導油管	⑯	ボットムカバー
⑧	給油用逆止め弁	⑰	ケースガード
⑨	ボール	⑱	空気通路機構

第2章 空気圧の質と調整機器

図 2-20 可変式ルブリケータの構造（JIS）

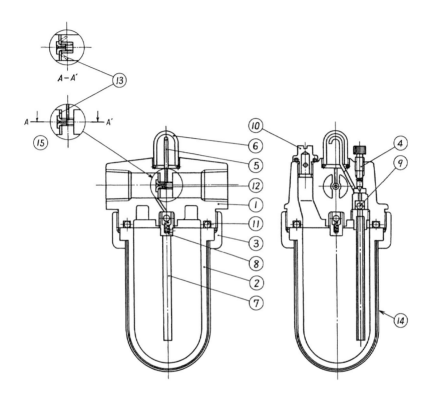

番号	名称	番号	名称
①	本体	⑨	ボール
②	ケース	⑩	給油栓
③	クランプリング	⑪	ガスケット
④	調節ねじ	⑫	噴霧ノズル
⑤	滴下管	⑬	調整板
⑥	滴下窓	⑭	ケースガード
⑦	導油管	⑮	空気通路機構
⑧	給油用逆止め弁		

(3) 選定時の配慮事項

1）オイルミストの大きさ

　全量式か選択式かによって大きく異なり、全量式可変絞方式では20～40ミクロン、選択式可変絞方式では1～2ミクロン程度です。

　使用場所、目的によって機種選定は変わってきます。

2）オイルミストの到達

　オイルミストの大きさは、配管内の飛行距離、滞留時間に大きく影響します。また、ルブリケータの取付け位置と空気圧シリンダの取付け位置までの配管の長さ、高さがオイルミストの飛行距離、滞留時間に関係し、潤滑の程度に影響します。

　さらに、配管途中にチーズ、エルボなどの継手がある場合には、その到達距離は短くなります。また、空気圧シリンダの作動速度が早いほど単位時間当たりの空気流量が多くなり、オイルミストの飛行距離は長くなります。

3）オイルミストの最少滴下空気流量

　ルブリケータによるオイルミストの生成には、空気の流量が一定量確保されないと、オイルミストはできません。したがって、空気消費量の少ない空気圧シリンダの場合には、ルブリケータが取付けてあっても、うまく機能しないことを意味します。

4）無給油のルブリケータ

　無給油のルブリケータにはあらかじめグリースが封入されています。

第3章

空気圧制御機器

　空気圧システムを確実に設計者の意図通りに動かすのが制御の仕組みです。
空気の圧力・方向流量などを制御するために各種の弁（バルブ）を用います。
　本章では、それぞれの圧力制御弁・方向制御弁・流量制御弁の使い方について解説します。制御された空気圧で空気圧アクチュエータ（エアリング・エアモータなど）を動かすことになります。

3-1 圧力制御弁

（1）圧力制御弁

　圧力制御弁は空気圧を使用目的に応じて制御する弁の総称で、回路の圧力を一定に保ち、最高圧力を限定する機能があります。たとえば、供給圧力を調整することにより、回路に異常圧力が発生しないようにします。

　圧力制御弁には、減圧弁、リリーフ弁、シーケンス弁、アンロード弁、カウンタバランス弁があります。図 3-1 に圧力制御弁の種類を示します。

図 3-1　圧力制御弁の種類

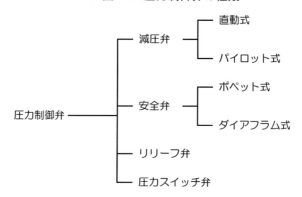

（2）減圧弁

　減圧弁は、入口側の圧力にかかわりなく、出口側圧力を入口側圧力よりも低い設定に調整する圧力制御弁です。直動形とパイロット形があり、一般的には直動形が多く使われています。直動形には①リリーフ式②ノンリリーフ式③ブリード式の３タイプがあり、パイロット形には①精密式②大容量形があります。

いずれも二次側が設定圧力以下のときは作動せず、全開状態であり、二次側から逆流する場合は、内蔵してある逆止め弁を使用します。

直動形減圧弁は、弁に付いている調節スプリングで一次側と二次側のバランスをとった状態にしてあり、二次側圧力が設定圧力よりも低くなると、調節スプリングがステムを押し下げ、弁が開いて空気を二次側に流します。

図 3-2 に直動形減圧弁のしくみを示します。

図 3-2 直動形減圧弁のしくみ

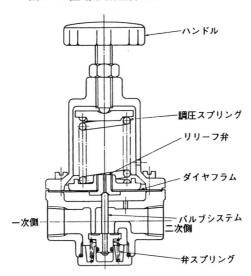

リリーフ式減圧弁は、二次側の圧力をより低い設定値に変更する場合に使われます。ノンリリーフ式減圧弁は、リリーフ弁シートにリリーフ穴がない構造になっています。また、ブリード式は、リリーフ弁シートから常時少量の空気を大気中に逃がし、敏速な調整ができるようにしてあります。

パイロット形減圧弁は、精度の良い圧力調整が得られるようにパイロット機構を組み込んだもので、直動形の調圧スプリングの代わりに管路内の圧縮空気を利用して調圧します。

図 3-3 にパイロット形減圧弁のしくみを示します。

図 3-3 パイロット形減圧弁のしくみ

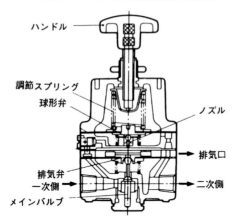

　精密式パイロット形減圧弁は、ノズルから流出する一次側の空気は常に排気口から微少量がリリーフし、デリケートな調圧を可能にしています。

（3）圧力比例制御弁

　圧力比例制御弁は、圧力と流量をコンピュータ制御装置と接続することにより、入力信号（電圧、電流）で自由に制御するものです。

　直動形とパイロット形があり、制御方式からオープンループ制御とフィードバック制御に分けられます。

3-2 方向制御弁

（1）方向制御弁

　方向制御弁は、空気の流れの方向を制御する弁の総称で、エアシリンダなどのアクチュエータへ空気を供給したり、止めたり、方向を切り換えたりします。エアシリンダは左右2つの室のどちらに入るかによって、ピストンの前進、後退が決まります。また、排気を大気中に出すのも方向制御弁が行います。方向制御弁の分類を図3-4に示します。

図3-4　方向制御弁の分類

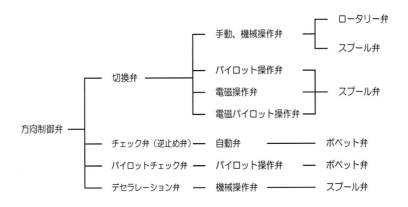

方向制御弁には、方向切換弁、チェック弁（逆止め弁）、デセラレーション弁などがあります。方向切換弁は、機能、操作、構造、ポートの数などにより分類され、構造形式からは、ポペット弁、スプール弁、操作方法からは手動・機械操作弁、パイロット操作弁、電磁操作弁などに分けられます。

(2) 方向切換弁
1) ポートポジション
　方向切換弁は、2つ以上の流れの形と2個以上の接続の形を持っており、アクチュエータの始動・停止及び往復（正逆転）を行います。弁の接続口をポート（開口部）と呼び、主管路との接続口の数をポートの数といいます。ポートの数は普通2、3、4、5口です。

　切換えの状態を位置（ポジション）といい、ポジションが2つあるものを2ポジション、3つあるものを3ポジションと呼びます。

　一般的には2位置、3位置が普通で、4位置、5位置は特殊になります。方向切換弁の記号は、ポジションの数だけ横に並べて示します。正方形の中に矢印で弁内流れを、T印、逆T印で弁内通路が閉ざされていることを示します。なお、記号で示す場合は作動していない弁の位置で示します。

2) 操作方法
　方向切換弁の操作方法の種類とその記号を**表 3-1** に示します。

　方向切換弁の操作方法には、①人力操作方式②機械方式③電磁方式④空気圧方式があります。一般的には電磁方式が多く使用されています。電磁方式には直接作動方式と間接作動方式があり、空気圧方式にも直接パイロット方式と間接パイロット方式があります。また、操作には単動操作と複動操作があり、単動操作は、操作後にその操作力を取りさると自動的に元の位置へ復帰する方式をいい、複動操作方式は、操作力を取りさっても切り換え状態はそのまま保持され、反対側を操作しないかぎり戻らない仕組みになっています。

表 3-1 方向切換弁の操作方法

操作方法	種類	JIS 記号	備考
人力操作方式	押釦方式 レバー方式 足踏方式		基本記号
機械方式	押棒方式 ローラー方式 ばね方式		基本記号
電磁方式	直接作動方式 間接作動方式	(1) (2)	(1) 直動式 (2) パイロット式
空気圧方式	直接パイロット 間接パイロット	(1)　(2) (1)　(2)	(1) 圧力を加えて操作する方式 (2) 圧力を抜いて操作する方式
補助方式	デテント		ある値以上の力を与えないと動かない

3）ポペット式方向切換弁

　ポペット式方向切換弁は、パイプの端面より少し大きな円板で蓋（ふた）をするような構造をしています。

　しゅう動部分に装着されるパッキンにはOリングとUパッキンがあります。パッキン部にはあらかじめグリースなどが塗布されており、エアに吹き飛ばされず、エア漏れも少ない構造になっています。

　図 3-5 に直動形ポペット式方向切換弁を示します。

図 3-5 直動形ポペット式方向切換弁

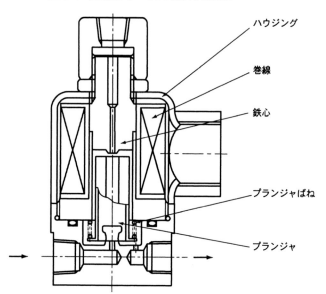

4) スプール式方向切換弁

　スプール式方向切換弁は、串形のスプール軸が円筒形のすべり面の内側に接して動き、接合力の開閉ができるしくみになったタイプの切換弁です。スプール弁は小さな力で弁体を切り換えることができますが、すべり面と弁との間にわずかなすき間があるため、少量ですがエア漏れがあります。ゴムなどのシール材を用いたソフトスプール方式は、スプール弁のしゅう動部に組み込んであるOリングにあらかじめグリースなどが塗布されてはいますが、エアに吹き飛ばされてしまうことがあります。グリースが失われて油切れが起こるとスプールの角がOリングに引っかかり、そのためスティック現象を起こすことがあります。

　図 3-6 に直動形スプール式方向切換弁を示します。

図 3-6 直動形スプール式方向切換弁

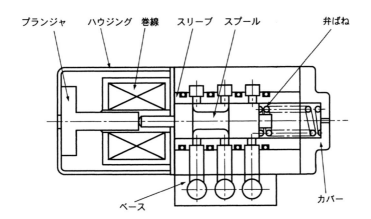

　メタルスプール構造は、金属のスリーブとスプールのすき間を数μm以下にしてはめ合わせる構造になっており、しゅう動抵抗が極めて小さく、切り換えに要する力も大きくありません。しかし、しゅう動部を鏡面に近い金属面にする加工が難しく、エアによって塗布されたグリースが飛ばされることもあるほか、異物によって傷がつきやすく、エア漏れ、固着なども生じます。

(3) 電磁弁

　電磁弁はソレノイド（電磁石）の吸引力によって弁口が開閉できる構造になっており、ソレノイド弁ともいいます。ソレノイドは固定鉄心にコイルを巻いたもので、これに通電して得られる磁気的吸引力を利用します。したがって、電流のオンオフにより制御することができます。

　「電磁弁」は、電磁操作弁を指すほかに、電磁パイロット切換弁のことも指します。

　パイロット弁というのは、小形切換弁で他の弁を操作（パイロット操作）する間接操作弁で、直動形に比べて小型です。最近のパイロット弁は小型化、低ワット化、電子化が進んでいます。

1）直動形電磁弁

直動形電磁弁は、電磁石によって直接スプールを作動させる形式の切換弁です。プランジャ（可動鉄芯）でスプールを直接駆動しているので直動形といわれます。直動形は弁の能力を大きくするためスプールを大きくしますが、比例してプランジャも大きくなり、電磁弁自体が大きくなります。

2）2ポート電磁弁

2ポート直動形電磁弁は、通電により弁を開く（常時閉）ものと弁を閉じるもの（常時開）があり、前者をNC形（ノーマルクローズ）、後者をNO形（ノーマルオープン）と呼びます。

図3-7に2ポート電磁弁の流路のJIS図記号を示します。

図3-7 2ポート電磁弁の流路（JIS）

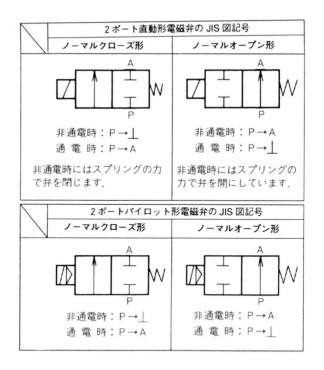

流路の矢印は矢印の方向に流れていることを示し、矢印の方向以外に使用不可であることを示します。矢印が両方（←→）に付いている場合はどちらから加圧してもよいことを示しています。⊥の記号は内部的に閉回路を示し、直動形ＮＣ形の場合、非通電時に供給はストップされ、通電するとP→Aに加圧されます。

3）3ポート電磁弁

3ポート電磁弁にも直動形とパイロット形があり、常時閉形（ノーマルクローズ）と常時開形（ノーマルオープン）があります。

図3-8に3ポート電磁弁の流路のJIS図記号を示します。ユニバーサル形は、いずれのポートからも加圧可能です。

図3-8　3ポート電磁弁の流路（JIS）

ユニバーサル形 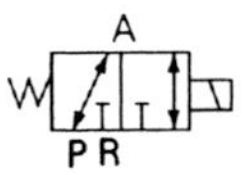	ノーマルクローズ形 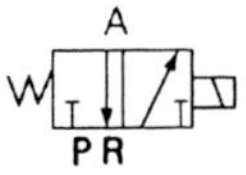	ノーマルオープン形 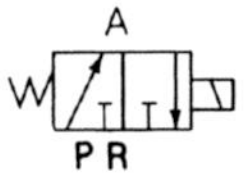

4）4ポート電磁弁、5ポート電磁弁

4ポート弁、5ポート弁を3ポート弁として使用する場合、使用しないポートを閉じて使用します。実際には、4ポート弁、5ポート弁の使用が多く、機能としては流路の方向切換えがほとんどです。

図3-9に4・5ポート弁（パイロット　ダブルソレノイド形）のJIS図記号を示します。

図3-10に直動形5ポート2位置弁（シングルソレノイド形）を示します。

図 3-9　4・5ポート電磁弁の流路（JIS）

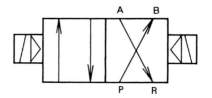

（a）4ポート弁（パイロットダブルソレノイド形）

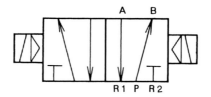

（b）5ポート弁（パイロットダブルソレノイド形）

図 3-10　直動形5ポート2位置弁（JIS B 8375）

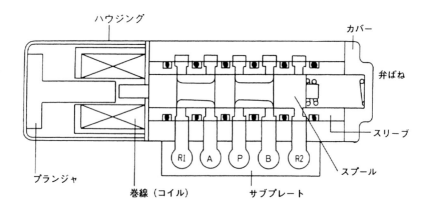

5）マニホールド電磁弁

マニホールド電磁弁はプログラマブル・コントローラ（ＰＣ）に接続されて使用されます。

電磁弁を2個以上使用するとき、まとめて取付けることができ、1つのベース（基盤）に多数個を取付けるものと、個別のベースをつなぎ合わせるものとがあります。

3-3 流量制御弁

（1）流量制御弁

　空気圧の速度制御は、アクチュエータへの流入量や流出量を調整して行います。流量の制御方法には、可変容量型ポンプを使って1回転当たりの吐出量を変える方法と、流量制御弁による方法があり、流量制御弁にはニードル弁が最も多く使われています。流量制御弁のタイプとして、ポペット弁、スプール弁、すべり（スライド）弁があります。流量制御弁は流量によって速度制御するもので、一般的にスピードコントローラともいいます。
　スピードコントローラは、方向制御弁とシリンダなどのアクチュエータの間に用いられます。
　図3-11に流量制御弁の種類を示します。
　速度制御の方法には、供給する圧縮空気の量でコントロールする方法のほかに、圧縮空気の排気量を調節してコントロールする方法があります。前者をメータイン方式、後者をメータアウト方式といいます。
　図3-12にスピードコントローラの構造を示します。

図3-11　流量制御弁の種類

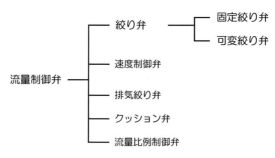

第3章 空気圧制御機器

図 3-12 スピードコントローラの構造（JIS）

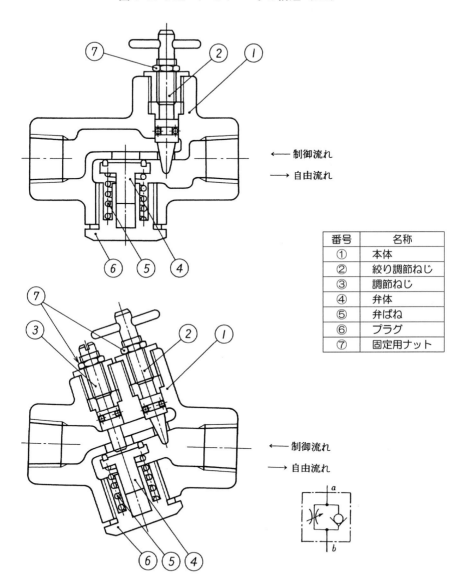

番号	名称
①	本体
②	絞り調節ねじ
③	調節ねじ
④	弁体
⑤	弁ばね
⑥	プラグ
⑦	固定用ナット

（2）流量調整弁

　流量調整弁は、圧力の変動によって同一の絞りでも流量が変動する場合に、絞り弁前後の差圧を一定にするため、圧力補償弁を内蔵させたものです。そのため背圧または負荷によって生じる圧力の変化にかかわりなく、流量を設定された値に維持することができます。圧力補償機構には定差減圧弁の機構を利用しており、絞り弁前後の圧力差が常に一定になるように作動します。この形式はブリードオフ、メータイン、メータアウトの各回路に使用できます。

　そのほか逆止め弁、リリーフ弁などが流量調整弁に一体に組み込まれているものもあります。流量調整弁（フローコントロール弁）は、圧力補償付き流量調整弁とも呼ばれます。図 3-13 に流量調整弁を示します。

図 3-13　流量調整弁

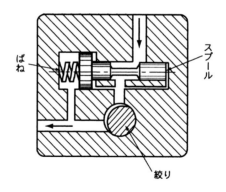

（3）絞り弁

　絞り弁は弁に付いている調整ねじによる絞り抵抗によって流量を制御するもので、圧力補償のないものをいいます。絞り弁の形状には、ニードル形とスプール形があり、前者をニードル弁、後者をスロットル弁と呼びます。ニードル弁は、先端が円すい状をした絞り調整ねじを回転して流量を調整するもので、絞りのみを目的としています。スピードコントローラは、これに逆止め機能が組み合わさったものです。

また、クッション弁というのはニードル弁の一種で、ニードル弁の開放をカムやレバーで調整します。調整ねじのない固定オリフィスのみの固定絞り弁もあります。

図3-14に絞り弁を示します。

図 3-14 絞り弁

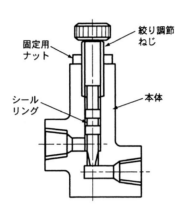

（4）逆止め弁

逆止め弁（チェック弁）は、空気圧の逆流を防止する弁で、一方向だけ空気を流し、反対方向の流れを阻止します。その原理は図 3-15 において、a→b がフリーフローのとき、b→a はチェック作動します。a→b のとき、流れはじめの圧力をクラッキング圧力といいます。

図 3-15 逆止め弁の原理

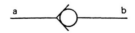

逆止め弁は圧縮機が何らかの理由で停止した場合でも、逆流による圧力低下をストップさせることができます。

逆止め弁は逆止め状態での完全シールが必要であり、また、流れ方向のクラッキング圧力も低いことが必要です。クラッキング圧力とは流れ方向

に流すとき弁が開いて流量が規定値に達したときの弁前後の圧力差をいい、この圧力差は低い方が良いのです。逆止め弁のシールには合成ゴムや鋼球を利用したメタルシール式のものを使用しますが、完全シールは難しくシールは使い方に注意を要します。

図 3-16 に逆止め弁の構造を示します。

図 3-16 逆止め弁の構造

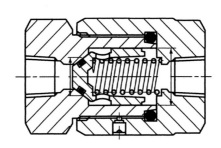

（5）シャトル弁

シャトル弁は逆止め弁を 2 個組み合わせたようになっており、1 個の出口と 2 個以上の入口を持ち、出口が最高圧力側入口を選択する機能を持っている弁です。3 方向チェック弁ともいいます。

その原理は図 3-17 のように b から a より高い力が供給されると、チェックボールは a 側に押しつけられ流路は b→a になります。a からの加圧が b からの加圧より高い場合にはチェックボウルは b 側に移動し流路は a→c となります。3 個の入口ポートのうち、供給圧力の高い方が出口と接続します。つまり出口（c）が最高圧力側入口を選択するようになっています。

図 3-18 シャトル弁の構造で説明しますと、出口が高圧側入口に自動的に接続すると、同時にシャトルピストンにより低圧側入口を閉じるように働きます。圧力の選択を必要とする場合に使われます。

図 3-17 シャトル弁の原理

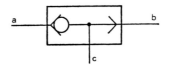

図 3-18 シャトル弁の構造

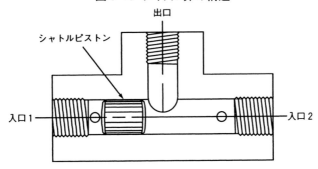

(6) 急速排気弁

　急速排気弁は切換弁とアクチュエータとの間に設け、切換弁の排気作用により、アクチュエータからの排気量を切換弁の排気量よりも高めることができます。クイックエキゾーストバルブとも呼ばれ、入口、出口、排気口の3個のポートを持っています。エアシリンダを早送りするときなどに用いられるほか、エアシリンダのスピードが出ないところで用います。

　図 3-19 に急速排気弁を示します。

図 3-19 急速排気弁

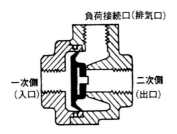

3-4 その他の空気圧機器

（1）リリーフ弁

リリーフ弁は、回路内の圧力を設定値に保ち、圧力が異常に上昇することを防ぐのが目的です。そのしくみは、上流の流体の圧力が設定値以上になると、圧力に応じて弁が自動的に開き、流体の一部または全部を逃がすものです。圧力を一定にする役目もあり減圧弁と同じ目的です。構造上からは直動形とパイロット形があり、直動形リリーフ弁は主に小形に使用され、パイロット形リリーフ弁は大形に使用されます。

（2）安全弁

機器や管の破壊を防ぐため気体を逃がし、最高圧力を限定する圧力制御弁です。圧力が設定値以上になると自動的に瞬時に作動して流体を放出します。図 3-20 にポペット式安全弁を示します。

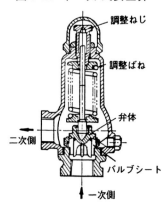

図 3-20 ポペット式安全弁

ポペット式安全弁の原理は空気の圧力とばね力を対抗させ、空気圧力がばね力を超えると弁が開き余分の圧力は大気に放出されるしくみになっています。容積形圧縮機の場合は必ず設ける必要があります。

(3) 油空圧変換器

　空気圧は油圧機器と組合せることにより、空気圧の安定性の弱点を補うことができます。油空圧変換器の構造は上部に空気出入口、下部に油出入口があり、空油の混入を防ぐため、フロート、バッフルプレートにより仕切られています。油圧を使用しますので、配管やアクチュエータ内の空気抜きを完全に行うこと、定期的にレベルゲージで油面を調整することなどが必要になります。

　図 3-21 に直動形リリーフ弁の構造を、図 3-22 にパイロット形リリーフ弁の構造を示します。

図 3-21　直動形リリーフ弁の構造

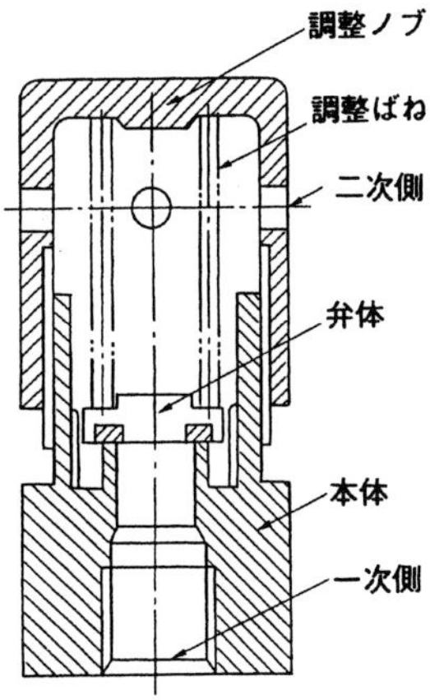

図 3-22 パイロット形リリーフ弁の構造

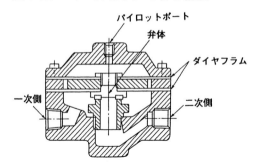

（4）増圧器

増圧器は、空気圧の推力を小断面の油圧ピストンで受け、高圧の油圧を得るのに使われます。直圧式と予圧式があり、使用用途により使い分けます。増圧工程では、充分な油量を確保することが必要です。また、空気抜きも完全に行います。

（5）サイレンサ

サイレンサは消音器とも呼ばれ、圧縮空気の排気音を小さくする機器です。圧縮空気は排気ポートから排気されるとき、急激に膨張するため、大きな排気音を発生します。

サイレンサは JIS B 8379「空気圧消音器」で規定されています。サイレンサは設備機能上より、作業環境上必要なものですが、廃棄される圧縮空気に含まれる油分やごみを除去する役割もあります。

（6）ショックアブソーバ

ショックアブソーバは、物体の運動エネルギを吸収し、滑らかに停止させるための機器です。摩擦力や空気圧も用いられますが、油圧式ショックアブソーバが多く使用されています。

オリフィスの面積を調整できる調整式と調整できない固定式があります。

（7）配管

配管を取付けるときには次のような点に注意します。

1. コンプレッサの空気取り入れ口は、塩風、雨水、熱、ゴミ、有害ガスなどから遮断され、かつできるだけ低温・低湿なところに設置します。
2. 空気配管は、巻末方向に下がり勾配 1/100 の傾斜を設け、配管途中にドレンなどが停滞しないようにします。
3. 主管から支管を取り出し配管する場合は、いったん配管を立ち上げてから取り出します。
4. 配管途中に障害物があり、配管を立ち下げる場合は、自動排出弁を取付けます。
5. 機械内の配管材は、亜鉛メッキ鋼管、ナイロン管などの腐食しにくいものを選択します。
6. シリンダと電磁弁を接続する配管は、配管の断面積が所定のピストン速度を出せる有効断面積を有することが必要です。
7. 管内の錆・異物及びドレンの除去のため、フィルタはできるだけ空気圧機器の近くに取付けます。
8. 鋼管のねじ長さは、所定の有効ねじ長さを守ります。ねじ部先端より半ピッチ程度の面取り仕上げをします。
9. 配管接続前に、管内の異物、切粉等除去のため、必ず空気圧力 3 kg/cm^2 以上でフラッシングします。
10. 機器へ配管を接続するとき、シール剤やシールテープ等が配管内に入らないように、シール剤の量と塗る位置、テープを巻く位置に注意します。
11. 配管接続後、石けん膜等で接続部の空気漏れを確認します。なお、確認後は石けん膜をよく拭きとります。

(8) 管継手

　管継手は、空気圧機器とパイプやチューブを接続する役割をしています。管継手は使用する目的によって、金属管用継手と非金属管用継手の2つに分かれます。

　金属管用継手には、以下のようなものがあります。

1) ねじ込み式管継手

　鋼管は管の両端に雄ねじが加工してあり、継手に直接ねじ込んで接続します。柔軟性がないため、エルボ、ティー、ユニオンなどの形状をした継手によって配管の分岐や方向を決めます。管と継手の接続は、鋼管の先端に管用テーパねじを切り、シール及び、錆付き防止のため、シールテープを巻いて使用します。

2) フレア継手

　ステンレス管や鋼管に用いられます。接続するとき、管の先端を円錐状（フレア状）に広げるのでこの名があります。フレアの開き角度は37°と45°があります。

3) インスタント形継手

　ワンタッチ継手とも呼ばれ、チューブを差し込んでシールとチューブの固定ができます。チューブを引き抜くときは、開放リング等により容易に引き抜くことができます。

4) 締め込み形継手

　継手にチューブを挿した後、ユニオンナットで締め付けます。ユニオンナットの締め付けでは締結が一番確かですが、工具で締め付けるためスペースが必要です。

5) バーブ継手

　竹のこ状になった挿入部をチューブに差し込む継手で、構造が単純でコンパクトなため、小型機器や省スペース配管に適しています。

6) カップリング

　ソケットにプラグを挿入させるだけでロックされ分離も簡単にできます。カップリング内にチェック弁が内蔵されているものもあります。

7）伸縮継手

　熱膨張によって配管が伸縮しても保持箇所に無理な力が生じないように管路の途中に設けられる管継手です。タコベンド（**図 3-23**）とスリーブ形継手（**図 3-24**）があります。

図 3-23　タコベント

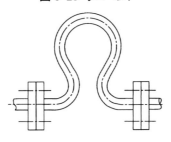

図 3-24　スリーブ形継手

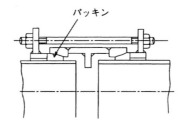

第4章 エアシリンダ

　空気圧システムが総力をあげて機械的な仕事をするとき、全てはエアアクチュエータ(以下アクチュエータ)にかかっています。エアアクチュエータには、エアシリンダ、エアモータ、揺動エアシリンダなどがあります。

　本章では、ピストンによって直線運動をするエアシリンダを中心に空気圧の理解を深めていきたいと思います。エアシリンダの構造はどうなっているのか、エアシリンダの作動の理解は？取付や運転時に注意することは？などを学びたいと思います。

4-1 シリンダの規定

エアシリンダ（以下シリンダという）は、空気圧システムの要素機器の一つで、シール機構のついたピストンにより、単動または複動運動を行います。空気圧シリンダの種類は、呼び圧力及び構造、スイッチの有無によって表4-1のようになっています。

表4-1 シリンダの種類

シリンダ種類記号	呼び圧力及び構造	適用（備考）
1PT-1	1MPa 角カバー、タイロッド締付形空気圧シリンダ 取付金具一体形（[3]）	ISO 6430 空気圧シリンダ インテグラルシリーズ
1PT-D	1MPa 角カバー、タイロッド締付形空気圧シリンダ 取付金具分離形（[3]）	ISO 6431 空気圧シリンダ デタッチャブルシリーズ
1PM	1MPa 丸形小内径空気圧シリンダ（[3]）	ISO 6432 小内径空気圧シリンダ
1PS	1MPa 本体一体形空気圧シリンダ	省スペースシリンダ

注（[3]） 6.にISO規格で定められている規定が示されている。

シリンダは原則として屋内で使用し、振動の激しい環境、汚染のひどい環境、湿度の高い環境で使用することはできません。腐食環境や高温環境、また、薬品を使用する環境、クリーンルームでの使用などの場合は、シリンダ材料を検討して選択する必要があります。

シリンダの周囲温度は－5～60℃の範囲にあり、0℃以下の低温で使用する場合はシステム内で水分が凍結しないようにしなければなりません。氷結防止剤を使用する場合もありますが、パッキンの材料に注意する必要があります。

第4章　エアシリンダ

　シリンダに使用する空気は、**図 2-10** に示したような空気浄化システムになっていることが望ましいのです。この空気浄化システムの場合は、空気源は 40℃以下とし、エアドライヤは到達露点－10℃～－30℃の場合は冷凍式を、到達露点が－30℃を超える場合は吸着式を使用します。
　また、空気圧用フィルタは、ろ過度 5 ミクロン、10 ミクロン及び 44 ミクロンのものにします。
　シリンダの使用速度範囲は、1 PS シリンダを除いて**表 4-2** の範囲となっています。1 PS シリンダの最高使用速度は 200mm/s とし、最低使用速度は 30mm/s とします。

表 4-2　シリンダの使用速度範囲

単位 mm/s

シリンダの内径（mm）	最低	最高
8～16	50	600
20～32	30	800
40～100	30	500
125～250	30	300
320～500	30	200

　シリンダの最低作動圧力を**表 4-3** に示します。最低作動圧力は、シリンダの種類に関係なく、クッション部を含む全ストロークにわたって**表 4-3** の値以下で円滑に作動しなければなりません。シリンダは長期間静止状態で放置すると、シリンダのしゅう動面にシールなどが密着し、始動圧力が増加するので注意が必要です。

表 4-3　最低作動圧力

単位 MPa

シリンダ内径（mm）	最低作動圧力
8, 10, 12, 16	0.15
20, 25, 32	0.1
40, 50, 63, 80, 100	0.08
125, 160, 200, 250	0.06

4-2 シリンダの構造

(1) 構造一般

シリンダの構造は、シリンダ内径、ロッド径及びストロークの取付けにより構成されています。この組合せをどうするかは、負荷の大きさと運動条件によって決まります。表 4-4 は、内径 180mm までのストロークの最大長さを示したものです。負荷の大きさとその運動条件に対してシリンダ内径、ロッド径、ストロークの組合せを誤ればロッド座屈を起こすことがあるので注意が必要です。

表 4-4 内径 180 mm までの最大呼びストローク

単位 mm

内径	ストロークの長さ	内径	ストロークの長さ
8, 10, 16	100	80, 100	800
20, 25	160	125, 140	1000
32, 40	500	160, 180	1250
50, 63	630		

シリンダ内径、ロッド径、ストロークの組合せを図 4-1 に示します。シリンダのストロークは、常に呼びストロークと等しいか、または長くしなければならないことになっています。

シリンダの部品は、同一メーカの部品であれば互換性があり、交換による性能の変化はありません。また、パッキンやガスケットなどの消耗部品の交換や点検のときも、特殊な工具を必要としないものとなっています。

図 4-1 シリンダ内径・ロッド径・ストローク及び取付形式の組合せ

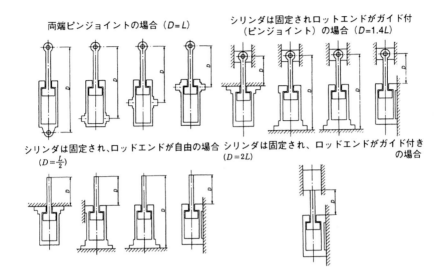

（2）各部の構造

シリンダに組み込むクッションの位置及び有無の表示を**表 4-5** に示します。クッションはロッド側及びヘッド側にありますが、負荷の速度により調整できるような構造が望まれます。

表 4-5 クッションの位置及び有無の表示

記号	クッションの位置及び有無	
B	クッションあり	ロッド側及びヘッド側クッション
R		ロッド側クッション
H		ヘッド側クッション
N	クッションなし	

ロッドの表面は、打こん・キズ・腐食などに耐えるようクロムめっきなどの表面硬化や耐食材料のものを検討することが必要です。ロッドの先端はおねじまたはめねじとなっています。

　シリンダは軸方向以外に荷重をかけないことを基本としていますが、稼働において、シリンダ自身が曲がったり、揺動形シリンダの場合は揺動ピンの摩擦などによって横荷重が作用するため、ブッシュに作用する横荷重の許容量が JIS に決められています。

　シリンダの内面の鋼管はクロムめっき、アルミニウム管の場合は陽極酸化被膜処理を施すなど防錆が考慮されています。

　内部部品においても錆が発生するおそれがある場合は防錆処理を施します。

　単動シリンダは、汚染防止のため、エアの入口にフィルタを取付けます。

　また、エアの入口が流体の噴射などで人を傷つけないような位置・構造にします。スイッチは振動などによって緩みやずれが生じないようシリンダにしっかりと固定します。

　ポート位置を表す記号は**図 4-2** のようにヘッド側から見て左回りに（A）（B）（C）（D）とします。1 PS シリンダは取付金具に対するポート位置を定めることができないので無表示にします。

　シリンダの形状寸法及び精度はシリンダの種類ごとの基準寸法及び取付形式ごとの表に定められます。基準寸法の表は取付形式すべてに通用します。シリンダ本体の基準寸法を**図 4-3** に示します。

　シリンダ内径の種類は**表 4-6** のようになっています。取付形式は、JIS B 8366 に規定する取付形式及び識別記号を使用します。

　シリンダを包装するときは、ポートに埃が入らないように防塵用ふた、その他の方法を用います。また、ピストンロッドのねじ部はキズが付かないように注意します。

　シリンダの呼び方は、**図 4-4** のように、規格番号または規格名称、種類記号、スイッチの有無、取付形式、シリンダの内径、ストローク及びポート位置によって**図 4-4** のように名称または記号があります。

第4章 エアシリンダ

図4-2 ポート位置を表す記号

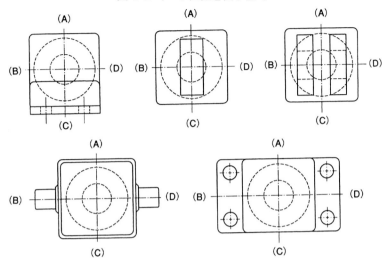

図4-3 標準寸法

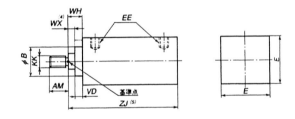

単位 mm

内径	E 最大	B f9	WX [4] 最小	VD 最小	WH 呼び	WH 許容差	ZJ [5] 呼び	ZJ [5] 許容差	KK js14	AM 0 -2	EE 管用平行ねじ	EE 管用テーパねじ	EE メートルねじ
32	45	24	9	5	15	±1.6	118	±1.6	M10×1.25	22	G^1/$_8$	Rc^1/$_8$	M10×1
40	51	30	8	5	15	±1.6	118	±1.6	M12×1.25	24	G^1/$_4$	Rc^1/$_4$	M14×1.5
50	64	34	8	5	15	±1.6	118	±1.6	M16×1.5	32	G^1/$_4$	Rc^1/$_4$	M14×1.5
63	77	34	6	5	15	±2	121	±2	M16×1.5	32	G^3/$_8$	Rc^3/$_8$	M18×1.5
80	96	39	9	5	19	±2	143	±2	M20×1.5	40	G^3/$_8$	Rc^3/$_8$	M18×1.5
100	115	39	9	5	19	±2	143	±2	M20×1.5	40	G^1/$_2$	Rc^1/$_2$	M22×1.5
125	140	46	7	5	19	±2.5	149	±2.5	M27×2	54	G^1/$_2$	Rc^1/$_2$	M22×1.5
160	179	55	6	5	21	±2.5	172	±2.5	M36×2	72	G^3/$_4$	Rc^3/$_4$	M27×2
200	217	55	6	5	21	±2.5	172	±2.5	M36×2	72	G^3/$_4$	Rc^3/$_4$	M27×2
250	271	60	5	4	23	±3	210	±3	M42×2	84	G1	Rc1	M33×2

注([4]) タイロッドナットの高さは含むが，ナットから出るタイロッドの長さは含まない。

([5]) 1 250 mmストロークを超える場合は，受渡当事者間の協定とする。

第4章 エアシリンダ

表 4-6 シリンダ内径

単位 mm

| 32 | 40 | 50 | 63 | 80 | 100 | 125 | 160 | 200 | 250 |

図 4-4 シリンダの呼び方

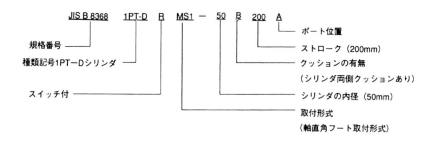

(3) エアシリンダの機能

エアシリンダの基本構造を図 4-5 に、部品構成は図 4-6、図 4-7 に示します。各エアシリンダのメーカによって、内部に使用する部品や構造は異なっています。メーカが同じでも型式名が違えば、部品も寸法も異なっている場合がほとんどです。このように、より良くするために改良し、設計変更していることが多いからです。

図 4-5 エアシリンダの基本構造

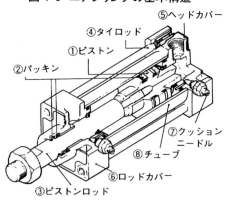

第4章　エアシリンダ

主要部品の機能を説明します。
a．ダストワイパー

　ピストンロッドに付着する塵埃、固形異物などを取り除く機能を持っています。一般に標準装着されているダストワイパーにはニトリルゴムが使用されています。また、特殊な環境、用途のために塵埃、固形異物が除去できない場合には、金属ダストワイパーとかコイルダストワイパーが用意されています。とくに、塵埃の多い場所ではジャバラ付きを使用します。ジャバラの材質にもナイロンターポリン、ネオプレンシート、シリコンラバーガラスクロスなどが用意されており、周囲環境に適した材質を選定します。

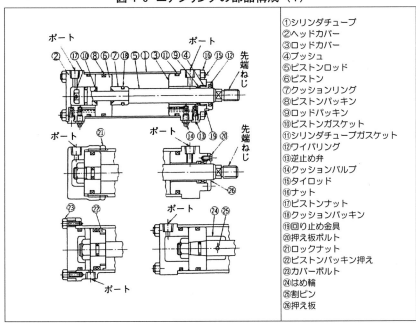

図4-6　エアシリンダの部品構成（1）

第4章 エアシリンダ

図4-6 エアシリンダの部品構成（2）分解図

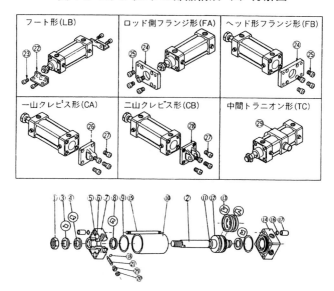

品番	名称	数量	品番	名称	数量	品番	名称	数量
①	ロッドナット	1	⑪	スプリングピン	1	㉑	クッションニードル	2
②	ピストンロッド	1	⑫	ピストン	1	㉒	フートマウント	2
③	ダストワイパ	1	⑬	ピストンパッキン	2	㉓	六角穴付ボルト	4
④	ロッドパッキン	1	⑭	ヘッドカバー	1	㉔	フランジ	1
⑤	ブッシュ	1	⑮	タイロッド	4	㉕	六角穴付ボルト	4
⑥	マスキングプレート	2	⑯	皿ばね座金	5	㉖	一山クレビス	1
⑦	ロッドカバー	1	⑰	丸ナット	5	㉗	六角穴付ボルト	4
⑧	クッションパッキン	2	⑱	ニードルガスケット	2	㉘	二山クレビス	1
⑨	シリンダガスケット	2	⑲	ニードルホルダ	2	㉙	中間トラニオン	1
⑩	シリンダチューブ	1	⑳	ニードルナット	2			

b．ブッシュ

　シリンダのウィークポイントである横荷重を受ける機能を持っています。最近の小形化、軽量化したシリンダの場合には、ブッシュの受圧面積が小さく、横荷重のかからない利用設計が必要です。

c．ロッドパッキン

　ロッドカバーのピストンロッド部分をシールするのがロッドパッキンで

す。これが、潤滑油切れ、ブッシュ摩耗の摩耗粉の研磨作用によって摩耗し、空気漏れの発生となります。クーラント油のような浸透性の高い液体がかかる場所では、ダストワイパーにシール機能がないために使用できません。また、シール方向が内部からとなるロッドパッキンでも、シリンダ内部に侵入する場合があります。

図4-8にツインロッドシリンダを示します。

図4-8 ツインロッドシリンダ

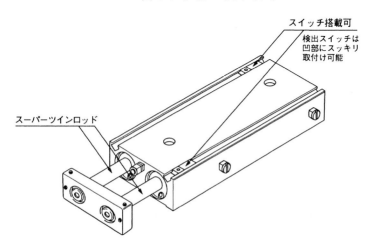

d．クッションパッキン

エアシリンダのクッションに用いるパッキンで、最近はこのゴム製パッキンにチェック弁の機能を持たせたものもあります。

内径が小さいと、エアクッション機構を備えないシリンダが多くあります。この場合、ゴム板でラバークッションと称している場合もあり、全くその機能を持たないものもあります。

クッションニードルを調整してもクッションの効果を調整できない場合は、クッションパッキンが破損しています。クッションパッキンの破損はトラブル発生の可能性は大きく、危険性も高くなります。直ちに交換すべきです。

e．ピストンパッキン

　一般的なピストンパッキンの形状は、リップパッキン（図 4-9）とダルマパッキン（図 4-10）です。いずれのパッキンも、最近利用が多くなっている無給油使用対応の形状です。

図 4-9　リップパッキン　　　　　図 4-10　ダルマパッキン

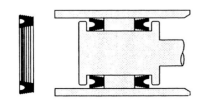
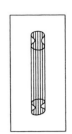

　シリンダのコンパクト化については、ロッド側、ヘッド側の2個必要なリップパッキンよりも、1個ですむダルマパッキンは便利です。

f．マグネット（磁石）

　ピストンには、磁気感応形センサー用のマグネットが装着されています。この磁石はセンサーの種類によって磁気の強さが異なります。特に強力な磁気のものでは、ピストンチューブの外側に金属を吸着させるほどのものもあります。そこで、配管内の錆が磁石に付着してピストンチューブやピストンパッキン、ウエアリングを摩耗させる原因となる場合があります。

g．ウエアリング

　ピストンロッドにかかる横荷重は、ブッシュとこのウエアリングで受けており、シリンダのピストン金属部分とチューブが接触してチューブを損傷しないようにする機能を持っています。

　チューブ材質にアルミニウムを使用した場合には、特に重要部品です。

4-3 空気圧シリンダの使用と選定

(1) シリンダの法規制

シリンダは大きな運動をするとともにインパクトのある働きをするので、安全面には注意をすることが必要です。使用する圧力及びシリンダの大きさによって法規制に触れるものがあります。

1) 法規制（第2種圧力容器安全規則及び高圧ガス取締法）との関連

①シリンダの定格圧力及び大きさによる法規の適用（第2種圧力容器安全規則）

(1) 定格圧力が $2\,\mathrm{kgf/cm^2}$（200kPa）以上で、シリンダ内容積 $0.04\mathrm{m}^3$（40ℓ）以上のシリンダ。

(2) 定格圧力が $2\,\mathrm{kgf/cm^2}$（200kPa）以上で、かつ、シリンダストロークが 1000mm 以上のシリンダ。

上記の範囲を超えるシリンダを使用する場合は、「シリンダ製作者が社団法人日本ボイラ協会又は社団法人ボイラクレーン安全協会の検査を受けなければ譲渡または貸与してはならない。（省令）」とあります。また、この範囲を超えるシリンダを使用する者は、使用の届け出を管轄の労働基準局にする必要があります。さらに上記条件に抵触する空気タンクにおいても同様の検査、届け出の義務があります。

2) シリンダの安全性（ISO 4414 及び JIS B 8370）

(1)ISO 4414 に示されている空気圧シリンダの注意事項

a．座屈強度

ロッドの伸張時におけるピストンロッドの異常な曲げ、座屈を避けるために、ストローク、負荷の大きさ及び組立状態に注意を払うこと。

b．心合わせ

　ガイド装置に堅固に取付けられたシリンダの芯合わせは、ピストンロッドに過度の横荷重がかからないようにすること。

c．シリンダの取付

　・取付面はシリンダを歪曲させるものであってはならない。また、熱膨張に対する逃げを設けなければならない。

　・保守、クッション装置の調整などのため、容易に近づき得る位置に取付けること。

d．シール及びシール組立部品は容易に取り替えられること。

e．摩耗しやすい部品は交換可能であること。

f．ピストンロッド

　・ピストンロッドの組立において、ピストンはピストンロッドに確実な手段で固定すること。

　・ピストンロッドは予測しうる損傷から保護しなければならない。

　・おねじまたはめねじ端部を持ったピストンロッドは、組み付けのために標準スパナが使用できる二面巾を設けなければならない。

g．単動シリンダの保護

　単動シリンダの空気の逃げだし口は、外部の異物または液体が入らないように保護されていなければならない。

h．ピストンのストロークは、公称ストロークより大きいか、または等しくなければならない。

（2）装置、機械に対する注意事項

a．シリンダは、機械のしゅう動部のこじれなどで力の変化が起きるとインパクトな動作をし、手足を挟まれるなどの危険があるので、人体に損傷を与えない設計を行うこと。

b．特に危険な場所には、保護カバーを取付けること。

c．振動の多い場所での使用では、固定部、連結部が緩まないように締結すること。

d．速度が速い場合、あるいは重量が重い場合、シリンダのクッションだけでは衝撃の吸収が困難なので、減速回路やショックアブソーバを使用すること。
e．クランプ機構にシリンダを使用する場合、停電などで物体が外れる危険があるので安全装置を組み込むことが望ましい。
f．シリンダをストローク中間で停止させる場合、空気漏れがあるとシリンダは移動するので注意すること。

(3) 手動制御と自動制御

a．手動制御
- 手動レバーの操作方向はシリンダの移動方向と一致しなければならない。
- プレスなど機械の動きによって人体に損傷を与えるものの制御は、両手制御装置を使用しなければならない。また、この方法が唯一の安全な手段と考えてはならない。

b．自動制御
- 複数の自動制御装置のいずれかの故障が人体又は装置に損傷を引き起こす場合にはインターロック機構を設けられなければならない。
- 自動操作では、手動で操作できる回路または構造に切り換え可能にしておかなければならない。
- 信号発生装置（リミットスイッチ、リミットバルブ、センサなど）で人手に触れるところは保護カバーをつけること。

4-4 シリンダの取付けと使い方

（1）据付における注意事項

1）固定形シリンダ

a．負荷の運動する方向は、ロッドの軸心に平行でなければ、ロッド、チューブにこじれを生じ、焼き付き、破損などを招くおそれがあります。したがってロッド軸心と負荷の移動方向は必ず一致させるとともに、連結部に適当なすき間を持たせます。

b．ロッド先端ねじの折損やブッシュの摩耗、焼き付きを防ぐために、ロッド先端部と負荷との連結部は、ストロークのどの位置においてもこじれることなく接続されていなければなりません。

c．取付台の剛性は、シリンダの大きな力に耐えるものでなければなりません。

d．ストロークの長いシリンダの場合、ロッドのたれ、チューブのたわみ、振動や外部荷重によるロッドの損傷を防ぐために適当なサポートを設置しなければなりません。

e．固定型シリンダと円運動をするアームの取付けは基本的には好ましくありませんが、やむを得ず行う場合はアームに長穴を加工するとともに、ブシュ面に規定値以上の横荷重がかからないように注意します。

2）揺動形シリンダ

a．揺動形シリンダは、負荷の運動方向に追随するようになっており、クレビス形、トラニオン形シリンダは一平面内のみを運動するため、負荷もこれと同一平面内を運動します。したがって、ロッド先端の連結金具はシリンダ本体の運動方向と同一方向に運動するように取付けます。

b．クレビス形またはトラニオン形と相手軸受けとのすき間が大きいとピン曲げ作用が働きます。したがって、このすき間はあまり大きくしないことが大切です。

(2) シリンダ使用時の注意事項

1) 使用温度範囲

シリンダを使用する周囲温度の範囲は、5～60℃が最適環境です。60℃を超える場合はパッキンの材質が問題になり、5℃以下の場合は回路中の水分が凍結し、事故が発生するおそれがあります。

2) 防塵

塵埃の多い環境でシリンダを使用する場合は、ロッドに防塵カバーを取付けます。単動シリンダの場合、大気に開放されているポートは塵埃を吸い込むので、フィルタを付けるなり、吸い込まない構造を考える必要があります。

3) 圧縮空気

シリンダを駆動する圧縮空気は正常で水分の少ない空気が必要です。そのため、圧縮機の保守点検は十分行う必要があります。

4) 給油

シリンダの駆動において、回路中にルブリケータを組み込みシリンダ内部に給油されるようにします。このとき、ルブリケータは適性流量のものであることが必要です。給油する油は、タービン油2種 ISO V 32 相当品が良いでしょう。

マシン油、スピンドル油は使用できません。パッキンの材質は普通ニトリルゴムが使用されており、劣化、膨潤を防ぐため、油の選定には神経を使うことが必要です。シリンダに供給する油の量は、方向制御弁から排出される空気に混じっている程度に調整を行います。

5) 排気

方向制御弁を切り換える場合、シリンダ内の圧縮空気が急激に大気へ開

放されるので、大きな排気音が生じ潤滑油が飛散します。このため、方向制御弁の排気ポートには消音器を取付けます。消音器及び排気用配管は、背圧が上昇し、ピストンの速度に影響を与えることがあります。

6）配管
a．シリンダと方向制御弁をつなぐ配管は、出来るだけ短くかつ曲がりの部分の位置を少なくするのが望ましい。
b．配管に用いるガス管は、内面が錆や腐食が発生しないものを使います。
c．ゴムホースや継手を用いる場合は、その断面が所定のピストン速度を出せるだけの有効面積を有しているかどうかを確認しなければならない。
d．シリンダへの配管は、ポートの付近にユニオン継手などを設けて容易にドレンが除去できるような手段を講じます。

【air pocket】
故障の大きさ

　空気圧制御システムが故障した時に、その被害がどの程度のレベルかを考えなければなりません。もしも、メインのシリンダが動かなかったとしましょう。その時に、その故障がどのレベルに達してしまっているのかを判断するとよいですね。シリンダそのものが破損してしまって、そのために他のメカニズムが損傷してしまうのが、もっとも高い故障レベルです。

　破損の原因が制御装置側にあるときはシリンダそのものを交換してもうまくありません。また、シリンダ自体の劣化不良の時は、交換で対応が可能です。シリンダのみを交換しやすいような設計がメンテのコストを引き下げます。周辺のメカ部分の交換もすることになると、被害は大きいということになります。

　これらはシリンダ中心に故障レベルで説明しましたが、いつもこの分類とは限りません。制御装置に焦点を当てて故障レベルを設定すれば、シリンダの故障よりも制御回路の故障のほうが高いレベルになるわけです。機械設備全体を考えれば、故障が全体破損か部分破損か、周辺の破損かといった見方ができます。

第5章 空気圧回路

　空気圧アクチュエータを各種制御弁を閉じて動かしていくには、基本となるいくつかの空気圧回路を知っておくと便利です。

　本章では、代表的な空気圧回路について学ぶことにします。空気圧回路には、空気圧源調整、シリンダ作動および論理動作などの回路があります。それらの基本的な回路をいくつも組み合わせて、実際の自動化システムが作られています。

5-1 空気圧基本回路

（1）空気圧基本回路

　空気圧回路に使われる記号は、JIS B 0125「油圧・空気圧システム及び機器　－図記号及び回路図－」に決められています
　空気圧回路は、エアフィルタ（空気圧フィルタ）、レギュレータ、ルブリケータを経て方向切換弁（電磁弁）を通り、スピードコントローラ $S-1$ を経由してシリンダの左室Ⓐに接続します。
　右室Ⓑから排出されるエアは、スピードコントローラ $S-2$ を経由し電磁弁から排出されるのが基本です。
　図 5-1 に代表的な空気圧基本回路を示します。図の方向切換弁は 2 位置式ソレノイドバルブ（電磁弁）です。電磁弁によってシリンダは前進・後退します。
　基本回路にはいろいろありますが、代表的な機能によって次の 11 の基本回路を知っておくことが重要です。

1．空気圧源調整回路
2．単動シリンダ作動回路
3．複動シリンダ作動回路
4．フリップフロップ回路
5．一方向流れ回路
6．中間停止回路
7．時間遅れ回路
8．アンド回路
9．オア回路
10．ノット回路
11．ノア回路

第5章 空気圧回路

図 5-1 代表的な空気圧基本回路

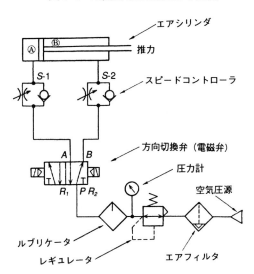

（2）空気圧源調整回路

　空気圧源調整回路は、圧縮機で作られた圧縮空気を空気圧として使用できる質のエアに調整する回路です。エアフィルタによって水分や塵埃を除き、ルブリケータによってオイルミストを空気に含ませ、減圧弁で圧力を一定にし、高質の圧縮空気にして送り出す回路です。**図 5-2** に空気圧源の調整回路を示します。

　無給油回路の場合はルブリケータⓁを省いたフィルタⒻとレギュレータⓇだけの回路になります。

図 5-2 空気圧源の調整回路

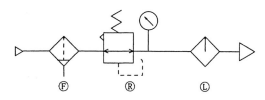

115

（3）単動シリンダ作動回路

単動シリンダは、図 5-3 のようにピストンの片側だけで気体を圧縮する往復圧縮機です。ピストンの 1 往復で、気体の吸込み、吐出しを 1 回ずつ行います。

図 5-3 単動シリンダ

単動シリンダ作動回路は、図 5-4 のように①方向制御弁と②逆止め弁付き速度制御弁で構成されます。単動シリンダに供給された空気は、シリンダのピストンを押し出し、排気によって逆戻りして元の状態に戻ります。ばね復帰形の回路は単純にできていますが、速度制御が難しく、ばね復帰形単動シリンダのピストンの速度は、メータイン方式で行います。

図 5-4 単動シリンダ作動回路

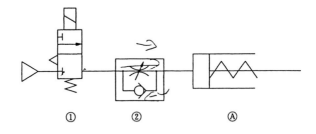

（4）複動シリンダ作動回路

複動シリンダ作動回路は、手動パイロット弁操作とダブルソレノイド形電磁弁とにより、前進、後退とも給気、排気によって行います。

図 5-5 に示す複動シリンダ作動回路のように、5 ポート電磁弁に通電し

て①がONのときエアは②の速度制御弁にフリーに通して複動シリンダの左室に入りピストンを右に動かします。同時に右室のエアは③の速度制御弁の絞り弁を通って電磁弁の排気ポートから大気に放出されます。

①がOFFになるとエアは③を通って複動シリンダの右室に入り同時に左室のエアは②の絞り弁を通って①から放出されます。

ピストンは左に戻り、シリンダは後退したままの状態に復帰します。

図 5-5　複動シリンダ作動回路

（5）フリップフロップ回路

基本回路は、与えられた入力信号どおりの出力が出る回路です。しかし、フリップフロップ回路は、セットまたはリセットの入力が与えられた場合、次にその反対の入力が加えられるまで、それぞれ論理"1"または"0"の状態を持続したまま出力を続ける回路です。持続する安定した回路という意味で双安定回路ともいいます。ちなみにflip flopとは、シーソーとかバタバタなどの意味があります。フリップフロップ回路は、自己保持回路、記憶回路ともいい、信号を記憶機能によって維持し、信号と出力の記憶機能を兼ねています。そのため最終的に与えられた入力信号のみを記憶し続けます。

図 5-6 にフリップフロップ回路を示します。

入力信号SによってAがON、BがOFFの状態に保持し、信号RによってAがOFF、BがONの状態で保持されます。

図 5-6 フリップフロップ回路

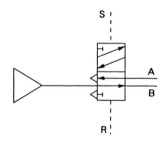

（6）中間停止回路

シリンダのストロークを「途中の任意の位置」で停止させる回路です。途中停止の方法としては機械的に停止させる方法と、回路的に停止させる方法があります。機械的に停止させる方法は、精度は優れていても仕掛けが大がかりになります。回路的に停止させる方法では、電磁弁の切換えのタイミングで可能にしますが、停止精度は望めません。回路的方法では単動シリンダの中間停止回路は組込むことができますが、シリンダの制御に難しいものがあります。

クローズド・センタ3位置弁を用いてシリンダの吸排気を止めて中間停止する中間停止回路を図 5-7 に示します。

図 5-7 中間停止回路

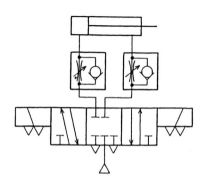

（7）時間遅れ回路

　空気圧回路は、工程の相互干渉を避けるために、入力信号より若干時間遅れを生じさせ、危険防止をする回路を比較的簡単に設定できます。

　図5-8は、前進したシリンダをある時間経過したあとで自動復帰する回路で、入力信号SがONのとき、出力A、Bは$\varDelta T$だけ遅れた時点でON－OFF切り替えが行われます。すなわち①の弁がONすると、圧力空気が②の速度制御弁の絞りを通って③タンクの空気圧を高め、$\varDelta T$時間後に④の方向制御弁を切換えて、A、B出力のON－OFF操作が行われます。$\varDelta T$値は調整できますが、長時間の設定はできません。

　時間遅れの簡便な制御方法には、絞り弁に空気信号を通して流量制限によって時間遅れを制御することができます。

図5-8　時間遅れ回路

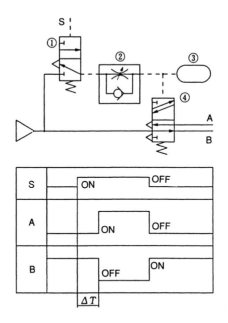

（8）論理回路

論理回路（ロジック回路：logical circuit）とは、論理積（AND）、論理和（OR）、否定（NOT）などの論理演算による回路です。シーケンス制御回路は、基本的にアンド回路、オア回路、ノット回路を3要素としています。

論理回路は論理式、真理値表、回路図で表しますが、ここでは、(a)に切換弁を使った回路とその真理値表を、(b)に押しボタンスイッチとランプによる電気回路図で表します。

1）アンド回路

アンド回路とは、2つの入力信号がともに1になったときにのみ出力がONになる論理積回路です。

図5-9(a)は、3ポート切換弁を2個連結したアンド回路で、A、Bの2ポートがあり、A、B2つの入力がともに1になったとき出力Cが1になります。真理値表はその関係を示しています。また、(b)では、a接点の押しボタンスイッチA、Bが直列に接続されており、A、Bを同時に押したときのみランプCが点灯します。

図5-9　アンド回路

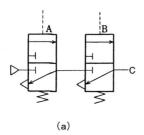

入力信号		出力
A	B	C
0	0	0
0	1	0
1	0	0
1	1	1

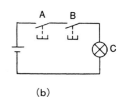

(a)　　　　　　　　　　　(b)

2）オア回路

オア回路は論理和回路ともいい、A、Bの入力信号のいずれかがONであるとき出力がONになります。

図5-10（a）は2個の3ポート切換弁で構成された回路と1個の逆止め弁によるオア回路で、Aが1（入力信号）でBが0のとき、逆止め弁がBポー

トを防いで出力Cが1（ON）になります。

（b）に示すオア回路では、a接点の押しボタンスイッチA、Bが並列に接続されている場合に、A、Bのいずれか一方を押した場合、または同時に押した場合、いずれもランプCが点灯します。

図5-10 オア回路

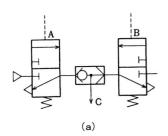

入力信号		出力
A	B	C
0	0	0
0	1	1
1	0	1
1	1	1

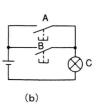

(a)　　　　　　　　　　　(b)

3）ノット回路

ノット回路は否定回路ともいい、真理値表からも明らかな通り入力信号と出力信号とが裏返しの状態であり、インバータとも呼ばれます。入力信号がないとき出力があり、入力信号があるときに出力がない状態、ノーマルオープン（NO：常時開）になります。空気圧源の遮断、停止、逆転機能に用いられます。

図5-11（b）に示すように、b接点の押しボタンスイッチAを用いた回路でAを押すとランプCは点灯したままです。

電磁方式とパイロット方式があり、自由に選定ができます。この回路は必ず空気圧源が必要です。

図5-11 ノット回路

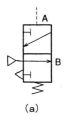

入力信号	出力
A	B
0	1
1	0

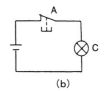

(a)　　　　　　　　　　　(b)

4）ノア回路

　ノア回路はオア回路の裏返しの機能を持っています。すべての入力信号がないときだけ出力があるオア回路とは逆の機能を持つ論理和の否定回路です。2個のノーマルオープン形3ポート切換弁を組み合わせたものと、オア回路とノット回路を組み合わせたものがあります。入力信号AとBの双方がOFFのときだけ出力CがONで、それ以外の組み合わせではOFFになります。（図5-12）

図5-12　ノア回路

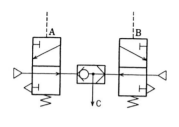

入力信号		出力
A	B	C
0	0	1
1	0	0
0	1	0
1	1	0

　　　（a）　　　　　　　　　　　　（b）

5-2 空気圧応用回路

（1）自動復帰回路

　自動復帰回路とは、前進したシリンダを一定時間経過後、自動復帰（後退）させる回路です。

　図5-13において、入力信号PをONにすると、弁①のパイロット圧で②が切り換わりシリンダAが前進します。速度制御弁③からタンク④に空気が充満すると、弁⑤が切り換わり、パイロット圧が①より排出されてOFF状態になり、シリンダは復帰します。

図 5-13　自動復帰回路

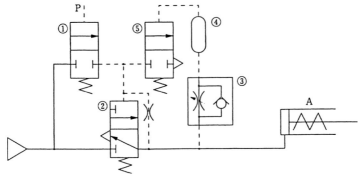

（2）ワン・ツウ・カウント回路

　図5-14にワン・ツウ・カウント回路を示します。これは入力信号を与えるたびに、複動シリンダAが前進したり後退したりするものです。まず1回目（ワン）の入力信号を与えると①がONし②を通って信号圧Q_1によって③が切り換わりAは前進します。

次に２回目（ツウ）の入力信号で切り換わった状態の②を通った信号を
Q_2で③が図示状態に復帰してＡは後退します。

図 5-14 ワン・ツウ・カウント回路

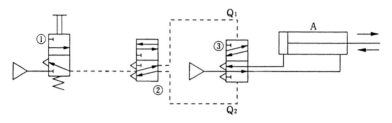

（3）１往復作動回路

図 5-15 に示す１往復作動回路は、１回目の入力信号で１往復させるとき
に利用します。①を ON すると信号圧Q_1によって②が切り換わり、エアは
速度制御③を通過してシリンダＡの左室に入ります。

一方、右室のエアは速度制御弁④と②を通って排気されます。Ａが前進
するとロッドの先端が⑤を ON させます。⑤´が切り換わると信号圧Q_2は
高まりエアは②と④を通ってＡの右室に供給され、左室の空気は③を通っ
て排気され、Ａが後退します。

図 5-15 １往復作動回路

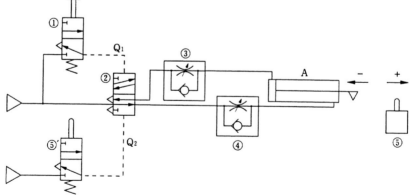

（4）A＋B＋B－A－サイクル回路

シリンダ2個を用いた自動往復回路で、図5-16においてシリンダAが前進してリミットスイッチLS 1を作動させ、シリンダBが前進します。さらに、リミットスイッチLS 2が作動し、シリンダBは後退します。次にリミットスイッチLS 3を作動させ、シリンダAが自動で後退していきます。

図5-16　A＋B＋B－A－サイクル回路

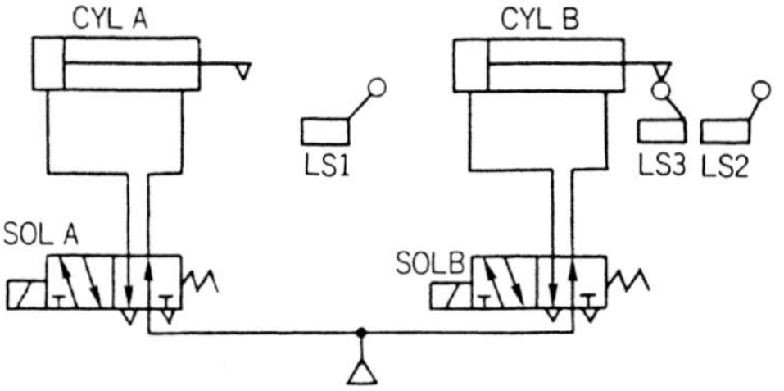

（5）A＋B＋A－B－サイクル回路

自動化システムにおいて、複数のシリンダを順次作動させるシーケンス制御回路です。このためにシーケンス制御を電気回路で行うこともありますが、単純なシステム回路では空気圧回路だけのほうが多く利用されています。図5-17は空気圧シリンダ2本を用いた自動往復回路で、シリンダAが前進し、リミットスイッチLS 1を作動させてシリンダBが前進します。さらに、シリンダBによりリミットスイッチLS 2が作動し、シリンダA、シリンダBが同時に自動で後退していきます。

図5-17　A＋B＋A－B－サイクル回路

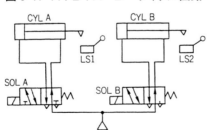

（6）両手同時操作回路

必ず両手で同時にボタンを押さないと機械装置が作動しないようにする回路で、一方で別の仕事をすることができます。プレスなどの安全作業回路用として使われます。

図 5-18 は単純両手同時操作回路で、同時操作でなくても操作が行えます。

図 5-18　単純両手同時操作回路

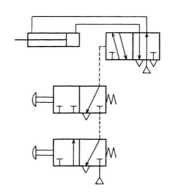

（7）衝撃作動回路

プレス装置において、シリンダを高速に押し出し、衝撃を与える目的の回路です。

図 5-19 において電磁弁①を ON にするとパイロット信号で 3 ポート弁②が切り換わり、タンクの圧縮空気が一挙にシリンダに入りピストンが飛び出します。シリンダの排気は急速排気弁③から急速に排気され、ピストンにより弁④が OFF になるとシリンダは後退します。

図 5-19 衝撃作動回路

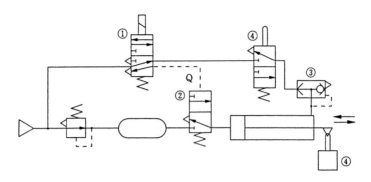

（8）速度制御回路

シリンダの速度を制御するには、原則として速度制御弁を用います。速度制御弁には速度調整弁（スピードコントローラ、略してスピコン）を用いるのが一般的で、シリンダ側にできるだけ近いところに取付けます。とくに管路の長さに比べて、シリンダのストローク容積が少ない場合には、シリンダから離れた位置に取付けると調整が困難となります。

図 5-20 にスピードコントローラを取付けた回路図を示します。

図 5-20 スピードコントローラを取付けた回路図

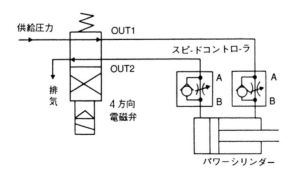

（9）パイロット操作回路

　パイロット操作回路は、方向制御弁により分類した回路と、論理回路で述べた回路とを組み合わせて用いたものです。パイロット弁で操作するのは、マスター弁であり、マスター弁を媒介してシリンダを操作します。
　図 5-21 にパイロット弁によるマスターバルブの操作を示します。

図 5-21　パイロット弁によるマスターバルブの操作

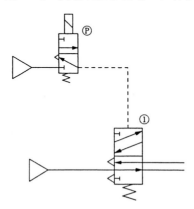

（10）空気圧供給停止回路

　図 5-22 のように2ポート電磁弁を使って空気圧の連続供給、停止をする回路を、エアブロー（空気吹き抜け）ラインといいます。エアブローラインが使われる回路は、次のような場合です。
1．空気ドライバや空気ドリルなどの空気工具への空気圧供給や停止の回路
2．塗装ラインのスプレーガンやスプレー潤滑装置の回路
3．切削加工の切粉除去や部品洗浄に使われるスプレーノズル回路
上の1．2．の回路にはルブリケータは不要です。

図 5-22 エアブローライン

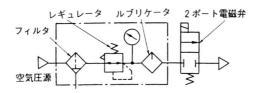

(11) 2ポート弁の回路

2ポート弁は、弁が「開く」か「閉じる」かのどちらしかない二位置で、単動式と複動式とがあります。

単動式は、一般には管路の開閉、バイパス管路に取付けての排気に用いられます。**表 15-1** に2ポート弁の図記号を示します。

表 15-1　2ポート弁の図記号

名称		図記号	解　説
電磁方式			1. NC（ノーマル・クローズ）は常時閉、通電時開の作動。
直動形	NC形 （通電開形）		2. NO（ノーマル・オープン）は常時開、通電時閉の作動。
	NO形 （通電閉形）		3. 電磁（ソレノイド）の作動で内部パイロット機構が作動し、弁の作動をするもの。流路としては、NC形、NO形がある。
パイロット形	NC形 （通電開形）		パイロット信号によって作動することを表示する.
	NO形 （通電閉形）		ソレノイドによってパイロットを作動させることを表示する.

（12） 3ポート弁の回路

3ポート弁は、給気口、吐出口、排気口の3つのポートを持っていて、通常、吐出口→排気口（常時排気形）と給気口→吐出口（常時通形）に接続されているものとがあります。また、二位置式の単動、複動及び三位置式があります。

一般には、圧力源からの空気を制御信号により吐出口へ供給したり、吐出口側の空気を大気へ排気するのに利用されます。3ポート弁を使用した回路を図 5-23 に示します。

図 5-23　3ポート弁を使用した回路

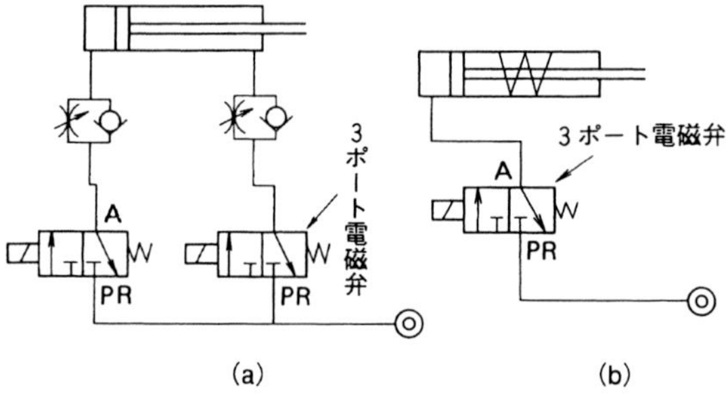

（13） 4ポート弁の回路

4ポート弁には、給気口、排気口、及び2個の吐出口の4つのポートがあります。二位置式では、2つの吐出口に交互に吸気口からの空気が通じ、給気口に通じていない側が排気口に通じて排気する形式のものが一般に使用されています。三位置式では、中立閉形、中立排気形、中立加圧形の3種類があり、それぞれの目的に応じて使い分けられます。4ポート弁の基本回路は、これらの機種の使い分け方により構成されています。

図 5-24 は、弁の流路を示したもので、2位置4ポート弁（左）の場合、P→B、B→P、A→R、R→Aいずれの矢印の方向にも流れが可能であ

ることを示します。また3位置5ポート弁（右）の場合は、P→B、B→P、A→R₁、R₁→Aのいずれの矢印の方向にも流れが可能であることを示します。

図 5-24　4ポート弁の表示

5-3 全空圧回路

(1) 電気を使わない空気圧操作

方向切換弁の切換方式には次のような4つの方式があります。

1．人力切換操作方式

手動や足踏みで操作するもので、バルブにはレバー、押しボタン、ペダルが付いています。このバルブは、手動操作弁、足踏機械弁、ハンドバルブなどとも呼ばれます。図 5-25 に人力操作方式方向切換弁の JIS 記号を示します。

2．機械力切換操作方式

ここで機械力というのは、ピストンロッドのドッグのように、接触や押しなどによって機械的に動く部分で切り換えることです。メカニカルバルブ、機械操作弁などといわれています。図 5-26 に機械操作方式切換弁の JIS 記号を示します。

図 5-25　人力操作方式方向切換弁　　図 5-26　機械操作方式方向切換弁
（4ポート弁）　　　　　　　　　　　（4ポート弁）

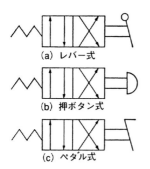

(a) レバー式
(b) 押ボタン式
(c) ペダル式

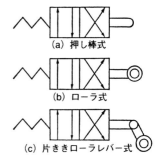

(a) 押し棒式
(b) ローラ式
(c) 片ききローラレバー式

3．空気圧信号の切換操作方式

　空気圧信号により切換えを行うもので、操作のために送り込む空気圧をパイロットといい、パイロット操作方式ともいいます。ここで電磁弁に相当するのが空気作動弁（マスター弁）です。リミットスイッチに相当するのがパイロット弁、リレーにあたるのがリレーバルブです。図 5-27 にパイロット操作方式方向切換弁（4ポート弁）の JIS 記号を示します。

図 5-27　パイロット操作方式方向切換弁（4ポート弁）

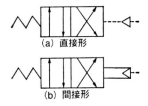

4．電磁力切換方式

　電磁弁は、電磁石と方向切換弁が一体となったもので、電流により励磁や消磁を行うものです。

　上記のうち1～3が電気を使わない空気圧操作になります。

（2）全空圧制御回路

　全空圧制御回路は、電磁弁や、リレー、リミットスイッチなど電気機器を使わず、手動操作弁によって作動させる回路であり、全空気圧制御（オールエア）方式といわれます。具体的には人力操作、機械操作、空気操作のみによるものです。この回路では、電磁弁の代わりにマスター弁、リレーの代わりにリレー弁、リミットスイッチの代わりにパイロット弁、押しボタンの代わりに押しボタン付き手動弁が使われます。この回路の特徴は次のようなものです。

1．電磁弁を使わないので電気による事故がない。
2．電気接点のような消耗部分がないので、寿命が電磁弁の数倍ないし数十倍延びる。

3．火花が出ないので、引火性あるいは爆発性物質の近くでも使える。
4．水による漏電の危険がない。
5．感電のおそれがない。
6．簡単な回路で費用も安い。

(3) 手動操作弁回路

　図 5-28 に手動操作弁で1往復する回路を示します。これは、押しボタンを押すとシリンダが前進端まで進み、その後、後退して元の位置に戻る回路です。押しボタンを押すと圧縮空気が信号となって流れ、空気圧操作弁を切り換えます。空気圧切換弁が切り換わるとシリンダのロッドが前進し、押しボタンから手を離しても空気圧操作弁はそのままの状態となります。

図 5-28　手動操作弁で1往復する回路

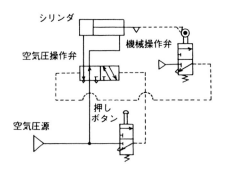

　ロッドが前進端まで進むと機械操作弁を押し、空気圧信号が出て空気圧操作弁を切り換えます。空気圧操作弁が切り換わるとシリンダのロッドが後退し後退端で止まります。

第6章

空気圧電気制御

　現場の空気圧回路のほとんどが電気的に制御されています。自動化システムでよく使われているシーケンス制御が空気圧でも基本になります。

　本章では、シーケンス制御の基本的な考え方とその中心となるプログラマブル・コントローラについて述べています。プログラマブル・コントローラはプログラマブル・ロジック・コントローラとも呼ばれています。PCまたはPLCと略しています。PCの使い方を知ることは、空気圧電気制御でも重要な仕事となります。

6-1
電気制御回路

（1）シーケンス制御
　空気圧は単独に利用されるより、油圧、電気などと有効に組み合わせて用いられています。全空気圧回路などを除けば、実際には電気制御と組み合わされる方が多くあります。電気制御は、応答が速いだけでなく、遠隔制御も自由であり、制御がかなり簡単にできるなどの長所があります。
　シーケンス制御では、空気圧と電気の組合せが多く用いられており、電磁弁を順序に従って作動させます。
　シーケンス制御には、次の3つがあります。
①順序制御：リミットスイッチなどの検出器で動作の完了を確認し、次の
　　　　　　動作の指令を出す。
②時限制御：検出器を用いずに時間のみで制御する。
③条件制御：動作の結果を確認し、装置相互の安全を確認してから次の動
　　　　　　作に移行する。

（2）a接点、b接点
　接点とは小面積の接触を通して、電流を開閉します。a接点とb接点の回路における作用は次のようになります。
①押して回路を閉じる（通電する）…………a接点
②押して回路を開く（電流を切る）…………b接点
　a接点（メーク接点）は、いつもは接点が離れていて外部から磁界や力などを加えたときだけ接点が配線とつながるものです。常に開いているところから「常時開接点」ともいいます。b接点（ブレーク接点）は、a接

点と反対で「常時閉接点」といいます。
　図 6-1 に a 接点と b 接点を示します。

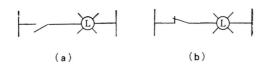

図 6-1　a接点とb接点

（3）電気回路表示
1）ラダーチャート
　ラダーチャート方式は、リレーシンボルで PC のプログラムによる制御手段を表します。リレーシーケンスを設計するときの概念をそのままプログラムにしたものです。ラダー（ladder）とは梯子（はしご）のことで、シーケンス制御の展開接続図を利用したものです。
　図 6-2 にラダー図の例を示します。

2）フローチャート
　生産工程を一覧できるように表したもので、「流れ図」ともいいます。ブロック（四角の枠）と矢印によって装置または回路の動作順序を表します。SFC（Sequential Function Chart）とも呼ばれます。
　図 6-3 にフローチャートの組立例を示します。

3）タイムチャート
　機器の時間的動作関係を示します。横軸に時間を、縦軸に機器の状態をとり、時間的に各機器の状態がどのように推移するかを示すものです。
　図 6-4 にタイムチャートの組立例を示します。

図 6-2 ラダー図の例　　図 6-3 フローチャートの組立例

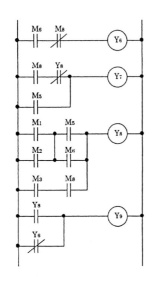
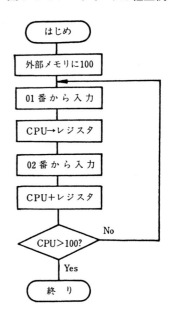

図 6-4 タイムチャートの組立例

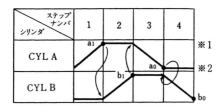

4）ブロック図

　信号の伝達系統を表します。制御系の構成要素を四角の枠（ブロック）で表し、これを結んだ線で信号の流れを表します。図 6-5 にブロック線図の例を示します。

5）展開接続図

　電磁機器で構成される制御図を展開式に示し、回路接続と動作の関係を表します。

図 6-5 ブロック線図の例

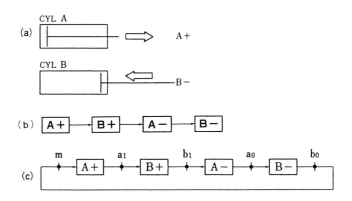

6) 論理回路図

論理回路の構成と論理式を使った基本回路を図 6-6 に示します。

図 6-6 回路の基本要素

	要素名	接点を使った電気回路	論理式	論理回路	リレーシンボルを使った回路
(a)	AND回路	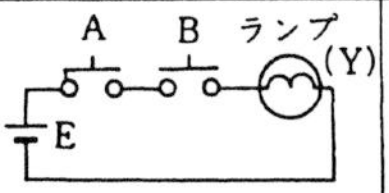	$Y = A \cdot B$	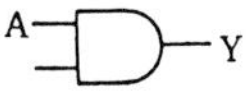	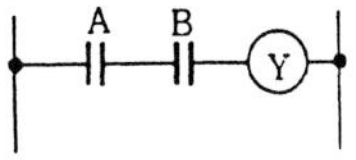
(b)	OR回路	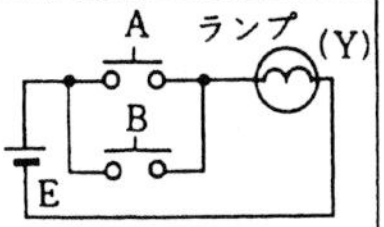	$Y = A + B$	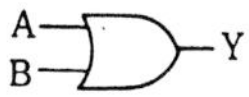	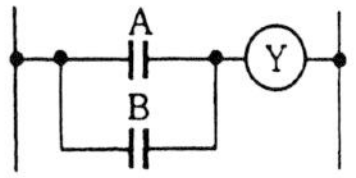
(c)	NOT回路	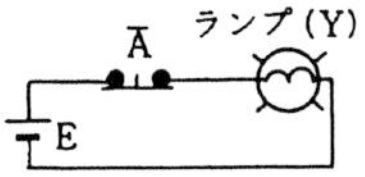	$Y = \bar{A}$	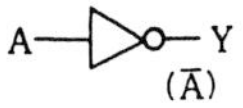	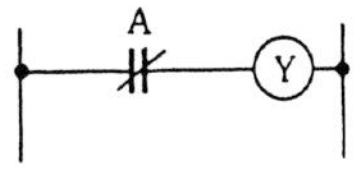

(4) シーケンス制御回路

　シーケンス制御回路は、基本的に AND、OR、NOT の３つの要素でできており、基本回路は上記の３回路を論理式、論理回路及びリレーシンボルを使った回路で示したものです。

アンド回路は入力信号が全て1の場合にのみ、出力信号を出す回路で、具体的にはa接点を直列に接続したものです。

オア回路は、いくつかの入力信号のうち1つ以上の信号があれば出力信号を出す回路で、具体的にはa接点を並列にしたものです。

ノット回路は、入出力の関係を逆にしたもので、具体的にはb接点のことを指しています。

(5) 電気機器

シーケンス制御には、「スイッチの制御」といわれるほど各種のスイッチ及び開閉器が多く用いられています。用いられる制御機器は、操作スイッチ、継電器、操作機器に分かれます。

1) 制御用操作スイッチ

押しボタンスイッチ、マイクロスイッチ、選択開閉器、フートスイッチ、リミットスイッチ

2) 制御用継電器

電磁継電器、無接点継電器、限時継電器、保護継電器

3) 制御用操作機器

電磁接触器、電磁開閉器、ソレノイド電磁弁

4) マイクロスイッチ

マイクロというのは微小なという意味で、構造的には押しボタンスイッチとあまりかわることはありません。ただ、マイクロスイッチは機械的な接触によって接点の開閉を行い軽い力で動作します。

とくに、この基本形のダイカスト封入形をリミットスイッチといいます。ダイカストは半溶解の合金を高速・高圧で金型に射出したもので、寸法精度が高いのが特長です。

リミットスイッチは機械動作の限界点に設置しておき、機械が一定の位置にくると接点の開閉を行うものです。マイクロスイッチを限界位置検出用にしたものをリミットスイッチと呼んでいます。

図6-7にマイクロスイッチの例を示します。

図6-7 マイクロスイッチの例

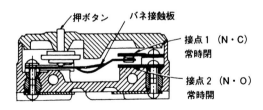

5）電磁継電器（電磁リレー）

押しボタンスイッチ、リミットスイッチなどの操作用スイッチで、検出した制御信号を制御装置に導いて条件判断や計算などをし、出力操作部に働きかけます。

複雑なシーケンス制御の制御装置は、継電器を組み合わせた回路によって行われるもので、継電器はシーケンス制御にはなくてはならない大切な要素です。

6-2 プログラマブル・コントローラ

(1) プログラマブル・コントローラ

　プログラマブル・コントローラ（PC：Programmable Controller）は、論理演算やシーケンス制御などの動作を行わせる手順を、命令語の形で記憶するメモリを持った工業用電子装置をいいます。

　プログラマブル・ロジック・コントローラ（PLC：Programmable Logic Controller）ともいいます。

　このメモリの内容に従って、機械やプロセスの制御をデジタル方式で制御します。空気圧制御にはシーケンス制御とフィードバック制御があります。シーケンス制御は、あらかじめ定められた順序や一定の論理によって制御の段階を逐次進めていく制御方法であり、フィードバック制御は、目的の制御量を与えられた目標値に一致させる制御方法です。

　プログラマブル・コントローラ（PC）が使用される以前は、電磁リレーなどによってシーケンス制御回路を作っていましたが、現在はシーケンス制御回路のプログラム化が可能となり、高度な制御を行うことができます。空気圧シリンダの「シーケンス制御」は、ほとんどプログラマブル・コントローラ（PC）を利用しています。PCのマイクロプロセッサがプログラム処理をするので、制御仕様の変更や修正を容易に行うことができます。図6-8にPCを示します。PCの中身はマイコン装置であって基本部、入力部、出力部、電源部、支援装置接続用インターフェースから成り立っています。

　PCは入力機器をPC内部のリレーに置き換え、従来の電磁リレー回路と同じようにリレー回路をソフト的に構成できます。出力はPC内部のリレーを介して出力されます。

図 6-8 プログラマブル・コントローラ

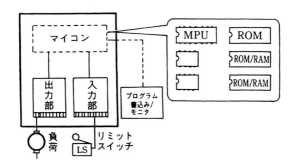

(2) PC プログラミング方式
PC プログラミングの方式としては次のようなものがあります。
1) ラダー図方式
2) ニーモニック方式
3) フローチャート方式
4) ロジックシンボル方式
5) ブール代数方式
6) タイムチャート方式

　このうち最も普及しているのが1) と2) です。ニーモニック方式は「AND」、「OR」、「NOT」、「OUT」など10種ほどの命令語を使いプログラムを記述したりプログラミングを行うものです。命令語のトレーニングなどが若干必要ですが、プログラミング機器が小型化されており、現場での変更や簡単なプログラムの作成に便利です。

　しかし、すぐ命令語を使って記述するのではなく「制御回路図」を作成します。

　図 6-9 にニーモニック言語と制御回路を示します。

第6章　空気圧電気制御

図 6-9　ニーモニック言語と制御回路

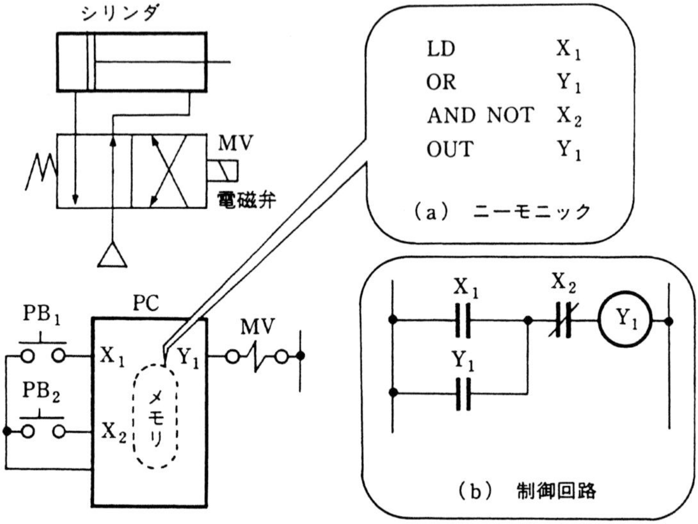

（a）ニーモニック

```
LD      X₁
OR      Y₁
AND NOT X₂
OUT     Y₁
```

（b）制御回路

（3）基本命令、応用命令

ここでいう「命令」はPCのシーケンスプログラムを作るときに使う命令で、PCメーカ独自のものです。

1）基本命令（シーケンス命令）

制御信号を入力する命令、接点や接点回路ブロックを接続する命令、基本的な論理演算命令、結果を出す命令などがあります。これらの命令を使ってシーケンスプログラムを組んでいくことが可能です。

2）応用命令

入力信号（データ）を一次記憶メモリへ取り込み、転送や四則計算、比較、変換などを行う命令をいいます。この応用命令を使うことによってプログラムの作成時間が短縮できます。

基本命令には「演算開始命令」「論理演算命令」「論理ブロック結合命令」

「出力命令」「タイマ命令」「カウンタ命令」など 10 〜 20 種程度あります。応用命令は数多く 100 種以上ある PC もあります。

（4）メモリ

　メモリとは処理装置、内部記憶装置における命令実行用のアドレス可能な全記憶空間をいいます。メモリには、補助メモリ、キープメモリ、入出力メモリ、特殊メモリがあります。

　補助メモリとキープメモリは、シーケンスプログラムを組むときに一時的に状態や演算の中間結果を記憶するのに利用しますが、外部へ直接取り出すことはできません。入出力メモリは PC の上でも外部への出力もできます。

第7章

空気圧のメインテナンス

　この章では空気圧の保守管理についてまとめてあります。油圧はパワーも大きいので機械的故障も大きく、また作動油を使用するので漏れや汚染などもあります。空気圧は油圧に比べると保守管理は一見軽いように見えますが、空気圧技術は空気の質とメインテナンスが決め手だ、といわれるように"空気の管理"という目に見えないものとの戦いでもあります。また、空気圧はきわめてインパクトのある作動をすることもあります。そういう意味では危険度の高い機械でもあり、設備管理に安全性や信頼性がひときわ重視されているところでもあります。他の設備でも同じでしょうが、やはり日常の点検がたいせつなことにかわりはありません。

　最後にメインテナンスをしっかりと押さえることで、「はじめての空気圧」、まずはクリアです。

7-1 空気圧と保守点検

(1) 空気圧メインテナンス技術

空気圧の管理テクニックをものにするには、空気圧(compressed air)の性格を知る必要があります。空気圧という場合は、空気(大気)をコンプレッサで圧縮した圧縮空気(compressed air)のことをいいます。この圧縮空気は、フィルタやルブリケータなどの機器を通り、工業用空気圧になります。空気圧のメインテナンス技術における基本的な考え方は次のようなものです。

①圧縮空気は清浄に管理されているか
②目的に合った空気圧機器と回路が選択され、正しく使われているか
③日常のチェックや緊急事態ときの体制ができているか

従ってメインテナンス技術の対象としては、コンプレッサを中心とした装置と、工業用空気圧にするための管理装置(排水装置、油分離装置、冷却装置、フィルタ、乾燥装置)に分けられます。

また、管理すべき内容としては、空気圧の"量"と"質"に分けられます。

1) 量的管理
 a) 圧力 (pressure)
 b) 容量 (capacity)
 c) 流量 (flow)

2) 質的管理
 a) 冷却 (cooling)
 b) 不純物の除去 (drain and filter)
 c) 圧縮空気の乾燥 (air dryer)

d）消音（muffler）

空気の質的管理は、清浄度管理ともいわれ、空気中の湿気（水分）やコンプレッサの油分が分解された、微粒子油分の除去にもなっています。

表 7-1 にメインテナンスにおける空気圧の管理機器を示します。

表 7-1 管理機器一覧表

区分		機器名	区分	機器名
量的管理	圧力	圧力ゲージ	質的管理（清浄度） 吸気防塵	吸気フィルタ
		圧力調節弁 減圧弁	除湿排水	ドレン・フィルタ
		増圧弁		アフタークーラ
		圧力スイッチ	除油	セパレート・フィルタ
	流量（容量）	流量制御弁（スピコン）	乾燥	化学式ドライヤ
		急速排気弁		冷凍式ドライヤ
		絞り弁	給油	オイラ

（2）予防保全と日常点検

点検方法には、日々行う日常点検と、周期で行う定期点検があります。実際には両者の不足を補いながら組合せ点検をしているのが一般的です。

その場合、日常点検は時間的に制約されたり、分解できないなどの問題があるので、ある期間放置しても支障のないものは定期点検に入れることになります。

いずれにせよ、日常点検と定期点検の間の役割分担、装置担当者間の役割分担、オペレータと専門保全員の間の役割分担を明確にし、機器の維持管理をすることが大切です。

第7章 空気圧のメインテナンス

　空気圧の日常点検における主要な点検項目は次の通りです。
a．ラインフィルタエレメントの確認
b．圧力計の確認
c．ルブリケータのオイル滴下量の確認
d．制御弁切替え動作の確認
e．配管上からのエア漏れの確認

　この他にも、ドレンの状態、コンプレッサの潤滑状態、配管内に不純物はないかなどもチェックできればよいと思います。

　図7-1に、空気圧システムの配管例を示します。表7-2に空気圧の保守点検表を示します。

図7-1　空気圧システムの配管例

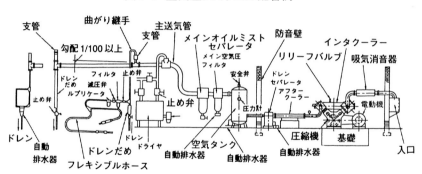

【air pocket】
誰が直すか

　故障した機械を誰が修理するのかによって、故障のレベルを決める方法もあります。現場が自分で直せるのか、社内のメンテ要員に頼むのか、社外サービス会社に頼むのかの分け方がありますね。
　また、修理に何時間もしくは何日間かかるのか、といったことも故障レベルを見分けることの一つの目安といえます。これらの目安は会社の方針、厳密なコスト計算などによっても変化します。

第7章 空気圧のメインテナンス

表 7-2 空気圧の保守点検表

機器名	保全の種類	毎日	毎週	毎月	毎年	2ヵ年
吸込みフィルタ	油の交換			○		
乾式吸込みフィルタ	エレメントの清掃		○			
ラインフィルタ	ドレンの除去	○				
ラインフィルタ	エレメントの清掃			○		
ラインフィルタ	ドレン弁のオーバーホール					○
空気タンク	ドレンの除去	○				
ドレン弁	作動確認	○				
ドレン弁	オーバーホール					○
圧力ガバナ 安全弁 圧力調整弁	保守			○		
圧力ガバナ 安全弁 圧力調整弁	オーバーホール					○
ルブリケータ	油面チェック、補給	○				
ルブリケータ	オーバーホール				○	
操作弁 電磁方向切換弁（500万回/年）	オーバーホール					○
空気圧シリンダ（500km/年）	ピストンロッド給油		○			
空気圧シリンダ（500km/年）	ピン、軸受部給油		○			
空気圧シリンダ（500km/年）	オーバーホール					○
逆止め弁 絞り弁 急ゆるめ弁	オーバーホール					○

(3) トラブルの発生

　ささいなトラブルが、ラインストップを招き、生産に支障をきたすことがあります。トラブルを事前に防ぎ、最適状態を持続させるには、設計上の問題と使用上の問題に分けて考えてみると便利です。

　設計上の問題としては、互換性、設置性、安全性、保全性、信頼性、耐環境性、標準化、ユニット化などが十分検討されているかどうかがポイントになります。

保全上の問題としては、定期的に整備を行う予防保全をきちんと行うことが第一ですが、万一のトラブル時にも保全作業に手間取ることがないように、保全性を高めておくことが必要です。

しかしいずれにしても、機器の知識はもとよりですが、空気圧のシステム構成、潤滑システム、それに空気圧自体のトラブル発生要素を知っておくことが大切です。つまり空気圧は、コンプレッサで大気を吸入し、圧縮エネルギとして利用するため、圧縮空気中に混入した大気中のゴミ、水分や潤滑油などの不純物の除去がトラブルの発生を断つ第一の要素となります。

【air pocket】
メインテナンスの考え方

工場内でのトラブルに関して、事前事後を問わず、一般的な点検方法をどうするべきでしょうか。

トータルコストといった観点で、基本的な故障と点検に関して考えてみましょう。

故障データを細かく取っておくことで、以降のメンテナンスコストを下げたり、新システムにした時の信頼性を上げたりすることが可能になります。

たとえば、空気圧自動化システムが故障した時に、現場で最初にすべきことは、その故障がどの程度のレベルの物かを判断することです。判断がつかない時は即上司に判断をしてもらうことです。

次に、どのあたりに故障原因があるかを推定することです。さらに、的確に故障の症状を整理してメモにしておくとよいでしょう。

現場で修理するにしても、社内メンテ要員や社外サービスに電話するにしても、重要な資料になるはずです。

7-2 圧縮空気中の不純物と対策

（1）水分（ドレン）

1）水分除去の理由

　配管の流れの中で温度が冷やされることにより、圧縮空気中の水蒸気が凝縮してドレン（水分）が発生します。このドレンは空気圧機器に良くない影響を与えるのでしっかりと除去する必要があります。

　圧縮空気の水分は、流路を閉そくさせたり、固着現象を起こします。冷凍式ドライヤは、このドレンを除去する機能があります。

2）ドレンの発生

　空気中には、水分もゴミ（不純物）も含んでおり、これがコンプレッサの中で圧縮され、高温になります。そして高温のままコンプレッサの潤滑油やタール、カーボンや水蒸気となって吐出されます。少しでも温度が下がればドレンがその分だけ発生することになります。温度を下げて水蒸気を結露させ、圧縮空気中の水分を除去するための装置が冷凍式ドライヤです。

3）ドレンのトラブル

　空気中には炭酸ガスが多く存在しています。この炭酸ガスがコンプレッサに吸い込まれてドレンに溶けると、酸性に変化してさらに多くの物質を溶かすようになります。ドレンが物を溶かす能力は温度が高くなるにつれて増し、固体や液体を溶解させます。これに対し一般に気体の場合は水の温度が低い方がよく溶けます。

　水は、錆の主役でもあり、錆は水が存在する中で電気化学反応によって生じますが、基本的な錆の発生パターンは、"アノード反応" という現象です。アノードとは、酸化反応が行われる電極のことで、鉄原子が電子を2

個放出して二価の鉄イオンとなることにより、一方放出された電子と水分子、酸素原子が反応して水酸イオンができ、"カソード反応"と呼ばれる反応が生じます。カソードとは、還元反応が行われる電極のことです。このアノード反応とカソード反応が電子をやりとりして水酸化第一鉄という化合物が作られるのです。これが鉄錆発生のパターンです。

また、空気圧配管の内部で時間とともに変化する温度と湿度が、空気の質をいろいろ変化させます。この現象が錆をより発生しやすくさせ、トラブルの原因となるのです。

発生するドレンは、コンプレッサから吐出されてくる生オイルや、タール、カーボンなどと混ざり、ドープ化（dope：濃度液化）し膠質化し、研摩剤のような働きをします。

以上ドレンのトラブルをまとめますと、次のようになります。
a．ドレンは物を溶かすことがある
b．ドレンは錆や腐食の原因となる
c．ドレンは油と混ざると膠質化する

4）水分除去の方法

水分の分離にはエアフィルタが使用されます。エアフィルタにおける圧縮空気中の水分除去の方法としては、次の2つの方法があります。
・遠心分離による水滴分離法
・衝突板に当てる水滴分離法

しかし圧縮空気中の水蒸気（湿分）を分離することはできません。水蒸気（湿分）を除去するためには、
①冷却することにより、圧縮空気中の水蒸気を露点温度で凝縮ドレン化したものを分離する。
②高圧圧縮（3MPa：約 30kgf/cm^2 以上）によって水蒸気の分圧を増加させ、水分の飽和点をこえて水滴として分離する。
③液体吸湿剤を用いて除湿する。
④吸着剤を用いて除湿する。

などがあり、以上4つの方式をいろいろと組み合わせてシステムを構成し、使用目的に合った露点の圧縮空気を作ることができます。

5）除湿対策

　大気中に含まれる水蒸気は常に一定ではなく、温度により飽和水分が決まるため、温度の急激な変化により空気中の水蒸気は変動し、凝縮して水滴となります。そのためアフタークーラ、エアタンク、ドライヤによる除湿対策が必要になります。

(2) 油分（オイル）

1）コンプレッサの潤滑油

　給油式レシプロコンプレッサからは、ピストンリング摩耗防止のための給油などから、オイルミスト（油霧）が発生します。

　また、スクリュー式、ベーン式コンプレッサからは、圧縮空気の冷却や、シール目的に使用する給油によりオイルミストが発生します。

　これらのミスト化された潤滑油は、圧縮空気中に含まれます。

　油の粒子の大きさは様々で、比較的大きなオイルミストは一般のエアフィルタで除去できますが、微小なオイルフォグや超微小なオイルエアロゾールは通過しています。圧縮空気中の油分を嫌う空気圧回路には、微細なエレメント（0.01ミクロン）のフィルタを必要とします。

2）オイル分の除去

　コンプレッサには潤滑油が入れられており、このオイルが吐出圧縮空気とともに吐出され、機器の中に入って付着し、トラブルの原因になります。

　すなわち、ゴム、プラスチック、パッキンなどを劣化させ、ノズルの目詰りやバルブシュートの作動不良などの原因となります。

　またドレンと混合して膠質化し、しゅう動部に入って摩耗を早めます。ドレン対策とともにオイル対策も必要です。

　コンプレッサによって、吐出されるオイルの状態は異なります。

・往復型コンプレッサ……タール、カーボン、酸化オイル

第7章 空気圧のメインテナンス

・回転型コンプレッサ……生オイル

　吐出されるオイルの粒子はフォグとかミストとか呼ばれる細かな粒子で吐出されるために、5ミクロンや3ミクロンのエレメントは通過します。そこでオイル除去専用のエレメントの使用が必要になります。

3）オイル粒子除去のしくみ

　オイル除去用エアフィルタの内部で、どのようにしてオイルを捕まえるのでしょうか。オイルの粒子を除去するしくみには次のようなものがあります。

ａ．直接衝突

　オイル粒子は、大きく重くなっており、マイクロファイバ層の繊維に衝突して繊維に付着し捕獲されます。

ｂ．慣性衝突

　空気中を流れるオイルフォグや、オイルエアロゾールが空気の流れの方向が変わった時、慣性のため流れについてゆけずに繊維に衝突し捕獲されます。

ｃ．接触付着

　流れで運ばれる半径 r のオイル粒子が、繊維の表面から r の距離に近づくと、繊維に引き付けられて接触し付着して捕獲されます。

ｄ．拡散

　0.1ミクロン前後のオイルエアロゾールはブラウン運動が活発であり、ブラウン運動を阻止するような構造に作られているエレメントに捕獲します。

ｅ．凝集

　粒子運動には、粒子が他の粒子に衝突して合体するという凝集という現象があります。これが繰り返されて油滴化し捕獲しやすくなります。

ｆ．重力沈降

　直接衝突、慣性衝突、接触付着、拡散のそれぞれの現象によって捕獲されたオイル粒子は、凝集して油滴化し、自重のためにエレメントの下方へと重力沈降します。

（3）酸化生成物
1）油分の分解

　給油式レシプロコンプレッサは、ピストンの動作時に高熱を出し、この時発生した圧縮熱により潤滑油が酸化熱分解されて、カーボン、タール状の物質を作ります。圧縮空気中に含まれるミスト化された潤滑油やカーボン、タール状物質は微小なため、一般のフィルタでは除去できないので、微細なエレメント（0.3ミクロン）のフィルタを必要とします。図7-2に圧縮空気中の不純物と混入経路を示します。

図7-2　圧縮空気中の不純物と混入経路

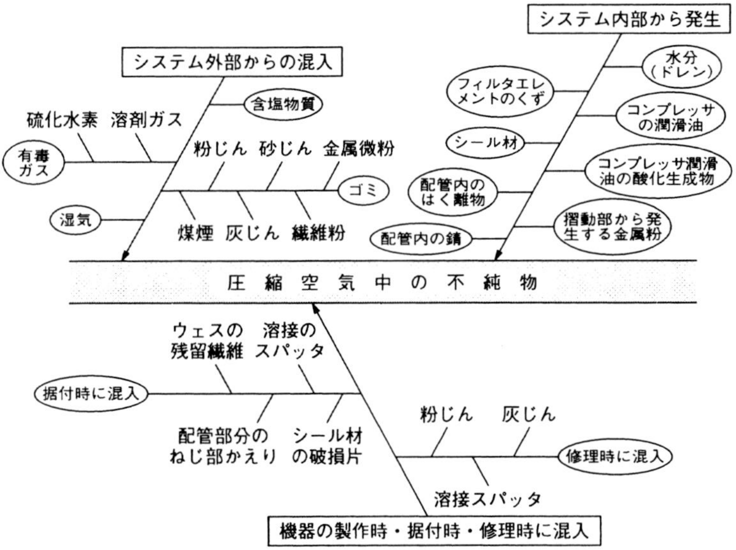

2）タールやカーボンの発生

　タールやカーボンは、往復型コンプレッサを使用する場合にオイルが高温にさらされ、酸化して生成されます。

　コンプレッサのオイルは、高い温度と高い圧力にさらされるため、酸化されやすい状態にあります。酸化速度は圧縮圧力に比例して増加し、温度

が10℃上昇すると倍になるといわれます。

　圧縮空気の圧力が仮に1MPaでも、条件によっては150℃以下で潤滑オイルは発火することもありますし、いかにすぐれた酸化剤を入れても、150℃以上では酸化によるオイルの劣化は急激に進行し、タールやカーボン、酸化オイルとなって吐出圧縮空気とともに吐出され、空気圧機器のトラブルの原因となります。

　スクリュー型のコンプレッサの場合は、オイルは潤滑油、シール、冷却と三つの役割を果たしています。このためオイルが、吸込された大気の空気とともにコンプレッサの圧縮工程の中に入り、オイルと圧縮空気は、混合されるような形態で接触しています。そして圧縮空気とともに吐出され、オイルは、オイル回収装置で回収されますが、高い温度にさらされ、一部のオイルはオイルミストとなって圧縮空気とともに吐出されます。この生オイル（オイルミスト）が空気圧機器に入り、いろいろなトラブルの原因となります。

　スクリュー型コンプレッサの潤滑油のフローを図7-3に示します。

図7-3　スクリュー型コンプレッサ潤滑の流れ

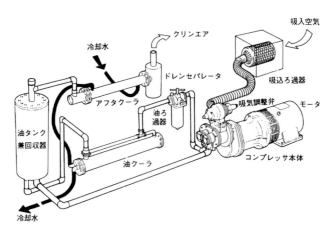

（4）フィルタのトラブル

　エアフィルタは、遠心分離によるドレン除去やろ機による固形不純物の除去をします。油分の除去は、液状を遠心分離する以外に効果的な方法はありません。

　フィルタは目を粗くせずに、1次側に大きな介在物を取除くための、より粗いろ機のものをプレフィルタとして利用します。

　図7-4にエアフィルタのトラブル箇所を示します。
フィルタでも、メインライン、サブラインに利用されるラインフィルタから、実装置に使用されるエアフィルタ、ミストフィルタ、マイクロミストフィルタなどが目的別に使用されています。

図7-4　エアフィルタのトラブル箇所

- エレメントの目づまり（圧力損失の発生）
- ボウルの破損
- シール不良によるエア漏れ

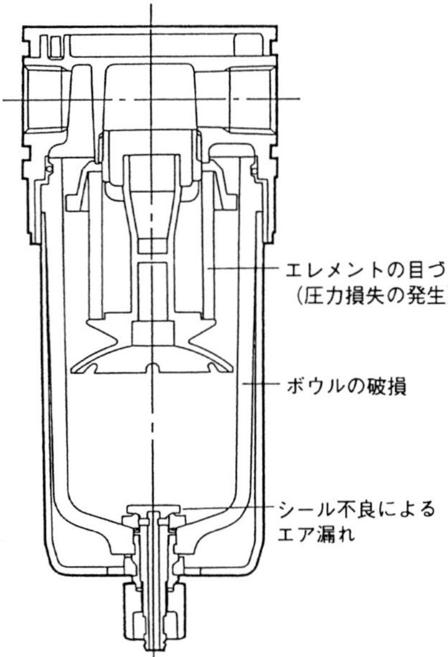

7-3 コンプレッサのトラブル

(1) コンプレッサの故障

コンプレッサの故障として考えられることは、次のようなものがあります。
① 噴出破裂：配管、圧力容器、圧力計破損、安全弁、圧力スイッチの故障、本体の破損。
② 機械的破損：修理ミス、材料疲労、摩擦部の焼付、ベルトの破損、高温による破損、オイル上り。
③ 圧力変動昇圧不良：圧力スイッチの誤作動、減圧調整不良、ベルト破損、ベルトのすべり。
④ 感電：静電気による電撃。
⑤ 感電：不確実さによる現象（振動による緩み、水滴などの影響）。
⑥ 騒音：電動機、吸い込み、吹出弁の振動、衝撃音、その他異常音。

(2) コンプレッサの日常チェック

1) 運転前

a．冷却水系のチェック

- 水圧……設定圧力は何 MPa か、規定通りか。
- 水量……水の流れが弱い時、出口側は締められていないか。
- 水質……クーリングタワー方式の場合。日光の当る場所に設置されている場合は、藻や、ゴミによる回路の閉塞で生じる流量不足など。
- 水温……冷えすぎるのもよくありません。コンプレッサの内部で凝縮して水分が発生してオイルに水分が混ざり、オイルの劣化を早め、トラブルの原因となります。

b．コンプレッサ室のチェック
- 吸込み口……新鮮な外気が十分導入されるようになっているか。
- 通風…………コンプレッサ室の通風は十分か。室内の温度は外気温度に近いか。

2）コンプレッサ本体
- ベルト……ベルトの張り具合はどうか。
- オイル……オイルは規定のオイルか。
  オイル交換は規定内か。オイルは規定量あるか。オイルの補充量は多くないか。オイルの色は変わっていないか。
- 残圧………残圧はあるか。
- ドレン……ドレンは抜けているか。

3）運転開始時
a．異常音……異常音の発生はないか。あれば、どの部分でどんな状態かをよく聞き、記録して、運転を中止し必要な処理をする。
b．圧力上昇……圧力の上昇具合は正常か。カットイン圧力、カットアウト圧力は正常に作動しているか。

4）運転中
a．異常音……異常音の発生はないか。あれば、どの部分でどんな状態か。
b．吐出空気温度……吐出口の圧縮空気の温度は適温であるか。

（3）吐出圧縮空気の管理

1）吐出圧縮空気を高温にしないこと
a．冷却水の管理を十分に行うこと。
b．コンプレッサの吸気口は、コンプレッサ室外よりできるだけ冷えた、清浄な空気を吸込ませるように配慮すること。

2）冷却水の水量を適切に管理すること
　冷却水が低温すぎたり、多すぎても悪い影響がでます。冷却水の水温をあまり低くしすぎると圧縮機内の空気が冷やされて、圧力が低くなり圧縮

効率が低下し、水蒸気が凝縮して水分の発生となり、油膜切れや、油の劣化を早めたりします。

冷却水温度は何度ぐらいがよいかといいますと、圧縮機入口で30℃、出口温度40℃です。また、入口温度と出口温度の差は10℃程度にする必要があります。

3）予防保全対策のルール化

冷却用配管の腐食によるトラブルや、冷却水の自動制御系のトラブルによる送水停止、冷却水不足などの要因によるトラブルの発生に十分なチェックが必要です。

4）温度の管理

コンプレッサ室の温度を可能な限り、外気温度に近づけること。このことはコンプレッサ室の通風をよくすることになります。

【air pocket】
機械と電気のトラブル

メカニズムのトラブルはエレキと違って持続的なものが多いです。部品が損傷した時は、新しい部品に交換することになります。逆に、エレキのトラブルは周囲のノイズによって誤動作する、といったように一過性のものが多いです。

もちろん、制御装置内の電子部品が故障することもありますが、メカの故障に比べるとかなり少ないです。

いずれもPM（Preventive Maintenance：予防保全）を行うことが重要です。

その積み重ねが、システムのコストにじわりと効いてきます。

7-4
ルブリケータのトラブル

（1）液が滴下しない！

　ルブリケータには、全量式ルブリケータ（霧状にした油をすべて空気の流れに送り込む）と選択式ルブリケータ（粒子の細かい油霧だけを送り込む）に分けられます。ルブリケータにおいては、全量式、選択式の選定が、第一のチェックとなります。

　ルブリケータのトラブル発生の要因としては給油不良、流量減少などがありますが、液が滴下しない場合の例を取り上げます。

　霧吹き原理で空気流路に油を滴下させ、油霧を生成する全量式は、油粒が大きく、空気流に乗っても5～10m程度しか搬送されず、配管内壁へ付着します。このため、吐出された油霧の挙動を考えた配管の設計が必要になります。

　油が滴下しない場合、
①給油プラグの閉め忘れ
②油滴逆止弁のシール不全
③流量の不足
④流れ方向が逆向
⑤油槽加圧用細穴の目詰まり
　などが想定されます。

　シール不全を確認するときは、給油プラグを外してみると油槽内へ空気が逆流してくることが分かります。また、流量不足は作動時に油を汲み上げる時間が非常に短いためと考えられます。

　大容量の油槽の場合、始動時に油面加圧が間に合わないことがあり、給

油直後には油が吐出しないことがあります。また、無給油機器に使用されるパッキンの中には、潤滑油で変形するものもあり注意が必要です。

（2）無給油ラインのルブリケータの使い方

　ルブリケータの機能は、バルブやアクチュエータが駆動しているときに給油することが目的です。しかし、使用目的によっては給油が不要の機器もあり、また、不可欠の機器もあります。

　たとえば、装置のメインラインに3点セット（フィルタ、レギュレータ、ルブリケータ）での組合わせで使用する場合、無給油ラインにも給油されるため、無給油ラインと給油ラインは分離することが必要です。無給油ラインでも給油した場合の方が耐久度や寿命が伸びるというのは誤りで、かえって、給油により誤作動を起こすこともあります。

（3）使用油の問題

　一般的にはタービン油（ISO、VG32）が使われます。スピンドル油、マシン油、有機溶剤に該当する油は使用できません。

　これはシール部分にNBR材質を採用しているので、長期間の稼動後に膨潤するなどして、作動不良にいたる場合があるからです。

　とくに、使用してはならない油脂や雰囲気としては、次のようなものがあります。
①リン酸エステル系作動油
②塩素系の油脂（切削油類に多い）
③酸類（亜硫酸ガス、塩素ガス等）

7-5 エアシリンダのトラブル

(1) トラブル現象
　エアシリンダ（以下シリンダ）のトラブルは、シリンダ単独でのトラブルと、空気圧回路を構成している機器による場合とがあります。
　シリンダのトラブルには、次のようなものがあります。
①エアシリンダが動かない
②高速調整ができなくなった
③速度が変化する
④低速調整ができなくなった
⑤ピストンロッド部からのエア漏れ発生
⑥ピストンパッキン部からのエア漏れ発生
⑦推力が弱い、または強い
⑧エアクッションが効かない
⑨必要なストロークで作動しない
⑩ピストンロッドが曲がる
⑪ピストンロッドが切断
　ここでは、シリンダ異常の原因とエアクッションについて考えてみます。

(2) 考えられる原因
　シリンダのトラブルの原因について考えてみます。
1) 作動速度に安定性がない場合の原因
　a．給油状況不良
　b．供給空気圧力低下

c．外部負荷の影響
　d．芯ずれ、横荷重の作用
2）**速度調整ができない場合の原因**
　a．速度制御弁の作動不良
　b．配管途中の閉塞現象
　c．フィルタの圧力損失増大
　d．減圧弁の応答性不良
　e．配管圧力損失増大
　f．空気量の不足
　g．内・外部抵抗の増大
　h．負荷率の増大
3）**スタート遅れ現象の原因**
　a．電磁弁の作動不良
　b．電気制御系の異常
　c．供給空気量不足
　d．外部負荷抵抗
　e．排気側回路の排気抵抗増大
　f．シリンダの内部抵抗増大
4）**作動途中での速度変動の原因**
　a．外部抵抗の変化
　b．速度制御弁に滞留するドレンやオイルの影響
　c．芯ずれ、横荷重の影響
5）**シリンダ推力不足の原因**
　a．供給空気圧力不足
　b．外部抵抗の増大
　c．ピストンパッキンの摩耗
　d．潤滑不良
　e．芯ずれ、横荷重の影響

（3）エアクッションのトラブル

　シリンダのストローク終端で衝撃を吸収するエアクッションは、シリンダのロッド側とヘッド側に装備されています。しかし、すべてのシリンダに装着されているわけでもありません。

　シリンダのクッション機構の構造は、クッションパッキンを使用した構造のもの（**図 7-5**）、チェックボウルを使用した構造のもの（**図 7-6**）があります。

図 7-5　エアシリンダの内部構造

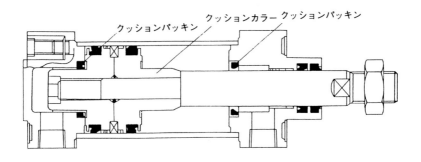

図 7-6　エアシリンダのクッション構造（チェックボール方式）

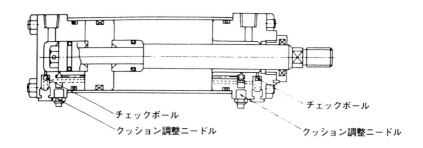

　エアクッションのトラブルとしては、シリンダストロークの終端停止でピストンがロッドカバーやヘッドカバーに直接当たり、衝撃音や衝撃現象

が生じることがあります。ねじを調整しても効果はなく、解決できない現象です。

エアクッションのトラブルの原因と対策を述べます。

1）原因

a．クッションパッキンの破損

　潤滑油切れ、配管材料の切削片、錆などがクッションパッキンにかみ込み破損。

b．クッションパッキンの摩耗

　錆粉による摩耗、潤滑油切れによる摩耗、寿命。

c．クッションパッキンの膨潤

　潤滑油やコンプレッサの潤滑油が不適な場合。

2）現状チェックと対策

a．クッションパッキンの交換

　クッションパッキンを交換します。シリンダによってはクッションパッキンがヘッドカバーやロッドカバーに組み付けられており、容易に分解ができない場合があります。

b．固形異物が混入してないかどうかのチェック

c．材料の選択

　配管材料には、錆の発生しない材料を使用する。

d．使用油の選定

　クッションパッキンの膨潤する油を使用していないか。混入していないかのチェック。

e．給油状態

　クッションパッキンの給油状況をチェック。

　クッション機能がうまく作動していない場合のトラブル現象としては、シリンダと負荷の連結部分から破損やピストンロッドとピストンの結合部分の破損などがあります。

(4) シリンダの長寿命化

　シリンダの寿命については、使用条件や環境などの影響が複雑で広範であり、一律に規定することはできません。しかし、シリンダの寿命に関係する要因としては、以下のようなものがあります。

1) 使用する圧縮空気の質

ａ．水分がないこと

ｂ．油分がないこと

　圧縮空気中の油分は圧縮機用の潤滑油が酸化した状態で吐き出されています。

ｃ．固形異物がないこと

　配管内で発生する錆、シールテープ、シール剤、配管切削片などは、本来フィルタによって除去される必要があります。

　5ミクロン以上の固形異物は除去します。

2) 給油方式と無給油方式

　給油システムを採用しているラインでは、該当する機器に潤滑油が到達していないために発生する、給油不良トラブルが多くあります。

　電磁弁のマニホールドを使用する場合には、シリンダの大きさ、使用頻度が異なるので、ルブリケータの最適滴下油量を調整することは困難です。マニホールド方式に限らず、シリンダの取付け位置がルブリケータの設置より低い場合と高い場合では潤滑油の到達する度合いが大きく異なってきます。

　同じ配管系でありながら、潤滑油がまったく到達しないものと過剰に到達するものとが混在する現象が起こり、システムの信頼性が低下します。(図7-7、図7-8)

3) 使用空気圧力

　使用空気圧力は、低い圧力で使用する方が、パッキンの寿命にはよい結果をもたらします。

図 7-7 空気圧回路と給油システム
（ルブリケータ利用基本回路）

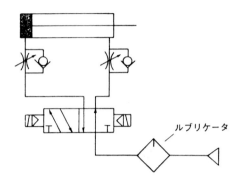

図 7-8 空気圧回路と給油システム
（マニホールドとルブリケータ利用）

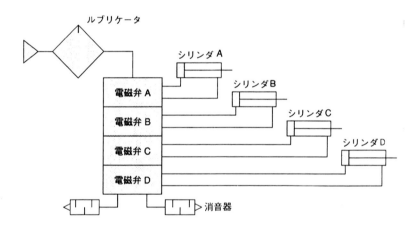

4）負荷率

　負荷率は 50％以下の場合が条件としてはよい傾向となります。

　負荷率＝負荷加重／シリンダの推力

5）作動速度

　シリンダの作動速度は、高速になるほど条件としては悪くなる傾向があります。

6）周囲の雰囲気

周囲の雰囲気はピストンロッドへの影響があり、粉塵など少ない環境がよい傾向となります。

7）芯ずれ、横荷重の状況

芯ずれ、横荷重の状況は、大きな影響があります。

表7-3にシリンダの作動不良と処理方法を示します。

表7-3 シリンダの作動不良と処理方法

不良内容	原　因	対　策
・外部に空気が漏れる (1) ロッドとグランドブッシュからの漏れ	・グランドパッキンの摩耗、潤滑油不足 ・ロッドが偏心している ・ロッドに傷がついている ・異物をかんでいる	グランドパッキンの交換 偏荷重の加わらないように取付け直す ロッドの交換 異物の除去、防塵カバーを取付ける
(2) チューブとカバー間の漏れ	・シールパッキンの不良	シールパッキンの交換
(3) クッション調整ねじ部分からの漏れ	・シールパッキンの不良	シールパッキンの交換
・内部の漏れ (1) ピストン部での空気漏れ	・ピストンパッキンの摩耗 　潤滑油不足 　かじり ・ピストンチューブに傷がある異物の混入	ピストンパッキンの交換 偏荷重の加わらないように取付け直す 傷が大きい場合には交換 異物の除去
・出力不足、作動不安定	・潤滑不良 ・かじり ・シリンダチューブに錆または傷がある ・ドレン異物の混入	取付け状態を点検、偏荷重の加わらないようにする 傷が大きい場合には検討
・クッションの不良	・クッションパッキンの不良 ・調節ねじの不良 ・速度が速い	クッションパッキンの交換 調節ねじ部の交換 クッション機構の検討
・損傷 (1) ロッドの折れ	・偏荷重 　クレビス・トラニオンの揺動面と負荷の揺動面が一致しない。クレビス・トラニオンの揺動角が大きすぎる 　負荷が大で、揺動速度が速い ・衝撃 　装置の衝撃がロッドに加わる 　負荷の衝撃をロッドで受ける 　シリンダの速度が速い	揺動速度について検討する 衝撃がロッドに加わらないようにする 衝撃がロッドに加わらないようにする クッション装置を設ける
(2) カバーの破損	・衝撃でクッションが働かない	外部または空気回路にクッション機構を設ける

7-6 圧力制御機器のトラブル

(1) レギュレータのしくみ

　最も多く利用されている圧力制御機器は、１次側から２次側に流れるときに、１次側の空気を調節し、２次側圧力を自動調圧するものです。この中にレギュレータが含まれており、圧力計は２次側圧力を示します。
　もう一つは、１次側の圧力を圧力調整弁で２次側に放出して、１次側の圧力を一定に保つものです。
　この中にリリーフ弁が含まれています。

(2) レギュレータの種類

1) 一般仕様のレギュレータ
　１次側に入力して、その装置全体の２次側圧力を一定に制御します。（一方向制御）

2) チェック弁付きレギュレータ
　電磁弁とアクチュエータ間（２次側制御）で使用します。

3) 精密レギュレータ
　設定圧力範囲が低く、（５～250kPa）微小な圧力設定（感度よく制御）が可能です。

4) ハイリリーフ形レギュレータ
　一般のレギュレータよりも、リリーフ量を多くした構造です。急激な圧力上昇に対応したタイプです。

5) 電空レギュレータ
　一般のレギュレータは圧力設定で手動で調整しますが、電空レギュレー

タの場合、電気信号によりソレノイドを駆動させ圧力調整します。これにより遠隔操作で圧力をコントロールできます。図 7-9 に電空レギュレータの動作原理を示します。

図 7-9 電空レギュレータの動作原理

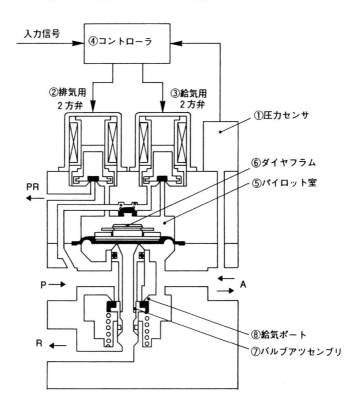

（3）レギュレータの機能

　エアシリンダ等の出力を安定化するために使用されます。
　2次側圧力の低下は、弁開度の減少が原因であり、その原因は弁ガイド部のドレンの溜まりにあります。（図 7-10）

図 7-10 エアレギュレータ

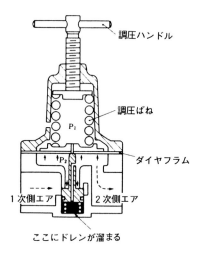

　対策として、天地の逆付けを行い、ドレンを2次側へ流下させます。
　ドレン量が多い場合は、フィルタ、ドライヤの見直し及びガイド部よりドレン抜き配管を設け、作業を標準化することも必要です。

7-7 方向切換弁のトラブル

　方向切換弁は、2、3、4方向電磁弁、マスタバルブ、パイロット弁など多岐に分かれています。弁機構はスプール弁、ポペット弁、スライド弁などに分けられます。

(1) スプール弁
　メタルシール（金属スプールのクリアランスによる漏れのあるもの）と、ソフトシール（弾性体シールを利用したもので、一般的に漏れはない）に分けられます。

　構造的には簡単で、基本的にスプールに働く空気圧力はバランス状態にあり、軽い操作力で動かすことができます。このため、マニホールド形をはじめ共通排気管を持つ回路では、電気信号がないので動いてしまうトラブルがあります。

　メタルスプールは常に漏れがあり、スプールのすき間に空気中の介在物が堆積し(図7-11)、しゅう動抵抗の増加、固着現象などを起こすことがあり、ろ過度の小さい（5μm以下）フィルタの使用及び油分除去も必要です。

　安全を増すために、スプールの軸は水平（重力の影響排除）に、機械運動方向と直角に位置させ、かつデテント機能を有する複動ソレノイド弁にすることが望まれます。（図7-12）

第7章 空気圧のメインテナンス

図 7-11 メタルスプール

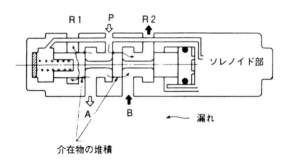

図 7-12 デテント付き電磁弁

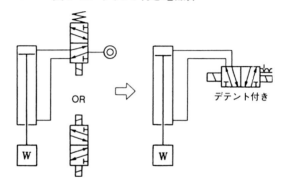

（2）ポペット弁

　スプール弁は、4、5方向弁が主流ですが、ポペット弁は2、3、4方向弁の全てに利用されています。

　ブローに使用中のパイロット式2ポート弁で、ブロー量を増すと発振することがあります。

　流量増加により圧力降下を起こし、ピストンを押下げる力に不足を生じることによります。

　3ポート弁では排気の絞り込みにより、弁作動の途中で圧力バランスによりP−A−R（IN−OUT−EX）が開状態になること（スプール3ポー

ト弁でもしゅう動抵抗が大きいと起こりうる）があります。排気を絞ることで生じるピストン背圧と、流れにより低下するピストンの押付力がバランスして発生します。

（3）三位置切換弁

スプール、ポペットともに存在するもので、安全回路上での取扱いになります。

小径シリンダではブレーキ付きシリンダ等によりストローク中間での停止精度、位置保持機能があります。電磁弁の三位置式の機能は、シリンダの標準作動としての中間停止よりも、緊急時の安全措置としての利用が多く、停止精度も不問にされますが、シリンダの方向と負荷により、ストローク端まで移動することが往々にしてあります。

図7-13（a）のクローズドセンタ形は、無負荷でもピストン前後の力が釣合うまでピストンは移動します。移動量を少なくするには、シリンダ↔切換弁間の距離を短くして、ピストン前後のボリュウムを小さくします。

（b）のプレッシャセンタ形は、ピストン前後に同圧が作用するので、ロッド面積分だけキャップ側の力が大きく、徐々にヘッド側へ押出されていきます。中間停止機能は排気側に突然供給圧力が作用するので、慣性力の大きい物の中間停止にも適しています。

（c）のエキゾーストセンタ形はピストン推力がなくなり、慣性により移動します。しゅう動抵抗が少ない場合、人力で位置の修正は可能ですが、下端まで下がることがあります。中間停止状態（エキゾースト状態）から切換弁のポジションを移動すると、排気側は大気圧状態なので速度制御するための圧力を得られず、飛び出し現象を起こし、危険を伴います。

図 7-13 三位置切換弁

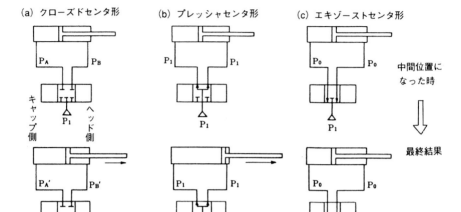

(4) 電磁弁のトラブル
1) 電気系機器のトラブル

　空気圧装置の電気系機器としては、電磁弁、圧力スイッチ、リードスイッチ等がありますが、その中で電磁弁が多数を占めています。(**図 7-14**)

　中でもコイル焼損による故障が多く、原因としてはドレン、カーボン、異物等の侵入によるスプールとスリーブの固着、ダブルソレノイドにおける同時通電、電圧の著しい変動、周波数の選択不良等があります。また、作動不良の場合の原因としては、コイルの断線、電圧の変動大、水の侵入による鉄心部の錆、ソレノイドの破損、ソレノイドのプランジャとコア間の異物のかみ込み、スプリングの破損等が考えられます。

　回路関係では、電気回路の不良による誤動作、切換え信号の発信時間が非常に短いことによる電磁弁の切換え不良等が考えられます。

　その他、圧力スイッチのスイッチ不良、リードスイッチの調整不良等があります。電気系のトラブルを**図 7-15**の特性要因図に示します。

第7章　空気圧のメインテナンス

図7-14　電気系トラブルの件数

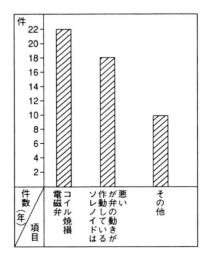

図7-15　電気系トラブルの特性要因図

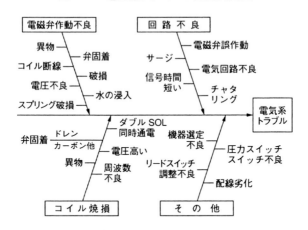

　トラブルの原因としては、大きく分けると、ドレン、異物による影響と、回路、取付け不良の二つになります。
　対策としては、エアドライヤ、ミストセパレータによるドレン除去、機器への異物の侵入防止、回路、取付けの総合見直しが必要となります。

第7章 空気圧のメインテナンス

2) 点検のポイント

点検は電磁弁を中心に行います。日常短時間でできることは、オペレータが確実に行うようにしますが、電磁弁の分解整備等は保全員が定期点検で行います。

電磁弁の点検のポイントを**表 7-4** に、速度制御弁のトラブル箇所を**図 7-16** に示します。

表 7-4 電磁弁の点検のポイント

点検項目	点検方法	周期	点検者
電磁弁は正常に働いている	コイルランプが点灯しているか確認する	日	オペレータ
電磁弁のうなりはないか	うなりが発生していたら原因を調査する	〃	〃
空気圧機器がゴミ、ホコリ、水分等で汚れていないか	汚れている場合はよくふきとること	〃	〃
接続配線の劣化はないか	目視触手	〃	〃
フィルタのドレンは溜まっていないか	ドレンレベルを見て溜まっていたら抜く	〃	〃
電磁弁内がドレン、異物等で汚れていないか	弁を分解整備する	半年～1年	保全員
電磁弁への電圧は、正常か	テスタで測定する、変動は±10%以内のこと	〃	〃
リードスイッチの調整	スイッチの位置が正しいか点検し、調整する	〃	〃
圧力スイッチの働き	設定された圧力で確実に働くか、スイッチは破損していないか	〃	〃
電気回路上の誤りはないか	回路図と現物の動きを比較し、誤りを正す	〃	〃

図 7-16 速度制御弁のトラブル箇所

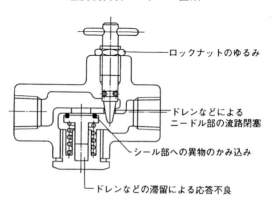

（5）電磁弁作動不良の原因

1）エア流量不足

　直動形の場合、エアの流量不足は作動に影響しませんが、パイロット形の場合には切り替えの応答性のバラツキや遅れなどとなって表れます。流量不足となる原因は、エアフィルタの目詰まりや、レギュレータの応答不良、配管の抵抗、閉そく、ドレンなどによる原因が考えられます。

2）エア圧力不足

　エア圧力の不足は、電磁弁の作動不良だけではなく、エアシリンダの推力不足などにもなります。低圧で使用する場合に、切り替え時間が遅いとか、時々切り替えが誤作動するといった現象となって表れます。

3）電圧低下

　電圧低下によってプランジャが動かなくなったり、電磁弁の切り替えができなくなったりします。直動形は巻線が大きく、多くの電流を必要としますので、大切なチェック項目になります。

　一般に定格電圧の＋10％、－15％で作動するように設計されていますので、この範囲であれば作動不良となることはありません。もちろん使用する周波数を間違えると、吸引力不足となり電磁弁切り替え不良となります。

4）プランジャの固着

　鉄芯と、プランジャの上部の間に異物がはさまると、プランジャが非通電になっても下がらなくなります。非通電にすると、直ぐは離れませんが、少し遅れて離れることがあります。

　処置としては、分解してきれいにすれば、もと通りになります。

5）コイル焼け

　コイル焼けの原因は、プランジャの吸着時に鉄芯にきちんと吸着していなくて、鉄芯とプランジャの間に異物がかみ込み、この間に過電流が流れ、発熱することで生じます。このままだとコイルの絶縁以上にコイルの温度が上昇して、コイル焼けの発生となります。直動形の場合、スプールが、スリーブに固着して動かなくなり、コイルが焼けることがあります。

6）シール不良

　シール不良には、プランジャ部弁座シールのキズと、異物のかみ込みがあります。弁シート部の異物のかみ込みは、切り替え不良と同時に、パイロット排気口からエアが漏れていますので、注意してみれば発見できます。

7）主スプールの固着現象

　ドレン、タール、カーボンなどが、スリーブとスプールの間に入り、固着現象を発生して切り替え不良になることがあります。最近はスプールとスリーブの固着を防止するために、ソフトパッキンが多く使用されます。

8）主スプールの異物のかみ込み

　特にメタルタイプに発生しやすい現象です。一般にメタルタイプのスリーブとスプールの間のクリアランスは5ミクロン前後の仕上げとなっています。この中に異物がかみ込むとロック現象となり、直動形ではコイル焼けの発生となります。

9）主スプールのシール不良

　主スプールのシール不良は、直動形の場合、メタルタッチですので一定のクリアランスとなり、常時、一定のすき間があります。

　パイロット形の場合には、スプール移動用のシリンダパッキンのシール不良と、スリーブに使用されているソフトパッキンのシール不良が考えられます。

10）復帰用スプリング作動不良

　直動形においては、弁ばねの疲労による復帰不良のトラブルが考えられます。パイロット形の場合は、プランジャの復帰用のスプリングの疲労による復帰不良が考えられます。

11）パイロット流路の閉塞

　電磁弁内部のパイロット流路は1mmか、あるいはこれより細くなっています。このために、ドレン、ゴミ、タール、カーボンなどが付着して流路を閉そくすることがあります。応答性が悪くなったり、誤作動したりすることがあります。

（6）電磁弁の不良対策

電磁弁は電磁石部分と主弁部分から構成されています。電磁弁は、シリンダ等のアクチュエータとともに使用状態が過酷であり、空気圧機器の中では構造が複雑で、当然、トラブルの発生率も高くなります。

表7-5に弁部の不良現象と対策を、図7-17に電磁弁の作動不良原因のデータを示します。

表 7-5 弁部の不良現象と対策

不良現象	原因	対策
弁が確実に切換っていない	・弁の摺動抵抗が大きい、潤滑不良、Oリングなどのパッキンの変形（膨張、膨潤、弾性変化） ・ごみなどが弁座、摺動部に噛んでいる ・ばねの折損 ・弁操作力が小さい ・ピストン部のOリングなどのパッキン摩耗（ピストン式） ・ダイヤフラムの破れ（ダイヤフラム式）	・潤滑を行う ・Oリングなどパッキンの交換 ・ごみなど除去 ・ばねの交換 ・弁操作部点検 ・パッキン交換 ・ダイヤフラム交換
弁が振動する	・空気圧力が低い（パイロット式） ・電源電圧が低い（電磁式）	・パイロット操作に必要な空気圧力にまで高める ・直動式を利用する ・電源、電圧を高める
弁が確実に切換っている	・シールパッキン損傷 ・弁部にごみが噛んでいる ・スリーブ、スプールの摩耗または傷がある（スプール式）	・各部シールパッキンを点検し、不良個所交換 ・ごみを除去 ・交換

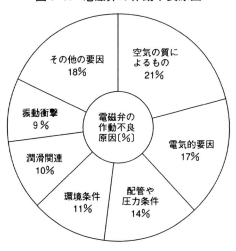

図 7-17 電磁弁の作動不良原因

第7章 空気圧のメインテナンス

1）空気の質による不良現象と原因

　電磁弁の作動不良原因で一番多いのが空気の質によるものです。その不良内容と原因は次のとおりです。

①配管用シール材や金属粉の混入
②油の混入
③ドレンの混入
④配管中の錆によるもの
⑤異物の混入

2）対策のポイント

①フラッシングを確実に実施する

　継手、鋼管等を配管前に圧縮空気でブローし清掃します。

②継手類は必要以上に締め付けない

　電磁弁等に限らず、接続口に管や継手を接続する際に、必要以上に締めすぎないようにします。

③シールテープの巻き方

　シールテープの巻き方は様々で、配管作業者の経験、慣れ等に頼っている場合が多くあります。このシールテープの巻き方が悪いと、空気漏れを起こしたり、テープの小片が機器に入って作動不良の原因となったりします。

3）電気的要因による不良現象と対策

　電磁弁の不良現象にいたる要因として、以下の2点が挙げられます。一つは電磁弁そのもののソレノイド部分の故障、もう一つはそのソレノイド部分を駆動制御する電源装置及びプログラマブルロジックコントローラ（PLC）、CPU等の配線処理に起因するものです。

a．ソレノイド部の不良現象

　コイルの焼損や断線により、作動不良にいたるケースが多々あります。この場合、原則として電磁弁仕様の電圧を印加します。動作不安定、誤作動、ウナリ音等は、定格電圧が駆動時に降下し、作動できない状態にいたるので、

十分注意が必要です。

b．直流電源（DC電源）を使用する場合の留意点

　最近の制御形態は、PLC（プログラマブルロジックコントローラ）及び、CPU制御が普及し、無接点センサスイッチ、電磁弁にいたるまで、直流電源を多く採用しています。

　電磁弁等の制御電圧は、DC 6～24 Vを利用しています。これは、AC100～200 Vをスイッチングレギュレータ等の直流電源装置で変圧した2次電圧であり、設置する場合は、次のようなことに十分注意を要します。

①電圧、電流容量を十分確保する
②電圧降下を制御回路内で最小限に抑える

7-8
速度制御弁のトラブル

(1) 速度制御弁の不具合

　速度制御弁は比較的簡単な構造のため、故障というべきものはほとんどありません。しかし、使い方によって不具合を生じることがあります。たとえば、連続した断熱膨張流れによって空気中の水分が凍結し、管路が塞がってしまうことがあります。それによって、アクチュエータの速度が遅くなります。

　また、振動やうなりを生じることがありますが、これは速度制御弁を直列に2個使用した場合などに起こります。

　これらは故障と判断されるときもありますが、使い方による不具合に入ります。速度制御弁のトラブルとしては、a〜dのような現象が代表的なものです。

a．シリンダの速度制御ができない
b．シリンダの速度がときどき変化する
c．速度調整がしにくい
d．凍結する

(2) 速度制御弁のトラブルと対策

a．シリンダの速度制御ができない

　原因としては、チェック弁部分に固形異物をかみ込んだ場合、チェック弁機能が不能となって流量制御ができず、シリンダの速度制御ができなくなります。

b．シリンダの速度がときどき変化する

空気量、空気圧力の変動が原因の場合と、配管内に滞留するドレンや油滴化した潤滑油が速度制御弁のニードル回路に入り、空気の流路で瞬間的に閉塞現象を起こすのが原因です。

c．速度調整がしにくい

　一般に、小型シリンダの低速使用では、速度調整がしにくいのが普通です。それは、配管の容積に対してシリンダの空気量が少ないためです。解決法としては、速度制御弁をシリンダに直結して、配管の容積が流量調整に関係しないようにします。

d．凍結現象を起こした

　寒冷地で作動頻度が高い場合に発生しやすいものです。速度制御弁の凍結発生より早く、電磁弁やシリンダが凍結します。

このような場合には、

ア．シリンダの作動速度を遅くします。断熱膨張を起こしにくくする効果があります。

イ．使用空気の乾燥度を高くします。断熱膨張の温度降下によってドレンが発生するのを防止できます。

ウ．速度制御弁をできるだけ小型のものにする。絞り部分の開度を大きく取れるようにして、断熱膨張が起こりにくくします。

エ．不凍液などをルブリケータに入れて、潤滑油に変えて使用します。ただし、不凍液が機器に悪い影響がないことを確認します。

などの方法をとります。

7-9 センサスイッチのトラブル

（1）センサスイッチの誤作動
　一般仕様のアクチュエータ（シリンダ）では、各メーカともにセンサスイッチ付きです。シリンダ部分は空気圧機器ですが、センサスイッチは電気、電子の範囲になります。
　センサスイッチは有接点形式と無接点形式とに分類できます。これらは使用目的によって使い分けられますが、一般的な注意事項は共通点が多くあります。

（2）配線
a．リード線に極端な曲げ、引っ掛かり、引っ張り力が加わると断線の原因となります。余裕をもたせた配線が必要です。
b．センサスイッチ付きのアクチュエータが揺動する場合には、配線に十分余裕をもたせます。強い引っ張りや屈曲が繰返し加わると断線の原因になります。
c．センサスイッチのリード線を、装置の中で高圧線や動力線と同一配線（集合配線）した場合、誘導によって動作や破損をすることがあります。本来分離して配線すべきです。

（3）取付け
a．センサスイッチの取付け位置調整は、各メーカともに止めねじ方式であるので、緩めて行います。内部素子の破損や誤作動の原因になるので、位置変更等をする際には、ハンマやドライバ等で叩いて調整します。
b．センサスイッチ取付けの際に、止めねじを締めすぎないことが必要です。

(4) 環境

　一般的に、各メーカのセンサスイッチは密封構造を採用しており、防塵性とある程度の耐水性はあります。しかし、常に水や油のかかる場所での使用はできません。

　防水形、防滴形の場合については各メーカに確認する必要があります。無接点センサスイッチでは、保護構造のものもよくみられますが、油（切削油）の種類が非常に多いため、耐候性についても確認が必要です。

7-10 エア漏れとシール

（1）エア漏れ

　電磁弁等とシリンダの配管は正常であり、スピードコントローラもメータアウト制御で駆動されていても、突然シリンダの動きが不安定となり、またバルブの排気ポートからエア漏れが生じることがあります。このような漏れ現象におけるトラブルシューティングには、以下の方法があります。

1）配管を外してみる

　配管ポートからのエア漏れがある場合は、シリンダで内部リークしている場合が多く、また、バルブON後にシリンダが前進し、バルブの排気が止まらない場合には、内部リークしています。いずれもシリンダのピストンパッキン部からのエア漏れが原因です。

　このような場合、分解可能なシリンダであれば、ピストンパッキンの交換で修理可能です。しかし、取付け部分から外した状態でチェックしても、エア漏れが発見できないことがよくあります。

　取付けを外した状態でエア漏れが起きないので、取付け状態での駆動時に漏れが起きるということであり、横荷重がかかっていることが考えられます。これは、ピストンパッキン部分に偏摩耗が生じ、漏れにいたっていると判断できます。

2）バルブを交換してみる

　バルブを交換してみたら、エア漏れ現象が起きない場合には、バルブの主弁部分に内部リークが発生しているか、シート面に異物が混入している可能性があります。

（2）シールの使用
1）シール装着上の注意事項
①方向性のあるシールを逆向きに装着しないこと。
②ねじれた状態でシールを装着しないように、常に正規の装着状態にする。
③装着を容易にするため、シールには潤滑油やグリースを十分塗布してから装着する。
④ウエスや軍手の糸くず、切粉、ごみなどがシールに装着しないように常にシールを正常に保ち、また塗布するグリースへのごみ、異物の混入も防止する。
⑤装着時に溝の角や横穴でシールに傷を付けないように、シールが接触する相手面においては、かえりなどをなくし、通常、角には丸みを付ける。
⑥シールを過度に引き伸ばすと、たとえ材料がゴムであっても、永久歪(ひずみ)を生じ、寸法が変わるので注意する。

2）シール装着後の部品組立上の注意事項
　シールが装着された部品を組み立てる場合には、シールに傷を付けないように注意します。

　図7-18にシリンダにおける傷付き防止の例を示します。

　すなわち、ねじ部を通過するときは、ねじに引っかけないようにテープを巻くか、挿入用治具を使用します。チューブやロッドに挿入するときは、その先端を必ず面取りし、丸みを付けます。

　また、ポートを通過するときは、面取りをするか、シールが引っかからないように一段落とします。ロッド先端に二面幅があるときは、二面幅の部分に面取りし、丸みを付けます。

第7章 空気圧のメインテナンス

図 7-18 シリンダにおける傷付き防止の例

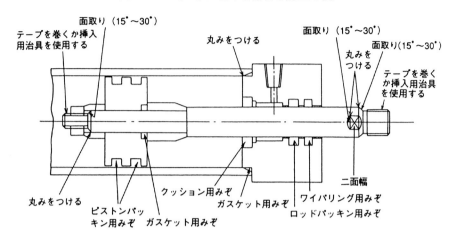

3) シール装着後の機器保管上の注意事項

シール材料の中にはオゾンによって劣化するものがあります。大気中に露出しているシール面に、膨潤、劣化の現象の少ないグリースまたは油を塗布します。

また、紫外線や湿気および熱は、シール材料の劣化を早めるので、シール装着後の機器の保管場所は、直接日光を避け、湿度が低く年間を通して温度が37℃を超えないことが望ましいのです。ちなみに、シール装着後の機器の保管期間は1年以内が望ましいです。

(3) シールの選定

空気圧用シールには、雰囲気及び作動条件に適したものを選定しなければ安定した作動と密封性を保持することができません。

空気圧機器に使用されるシールへのニーズとして、次のようなことがあげられます。
① 密封性が良いこと
② 摩擦抵抗が低いこと

③使用温度範囲が広いこと
④耐久寿命が長いこと
⑤機器の小形化、軽量化に役立つこと
⑥品質が安定していること
⑦取扱い、装着性に優れていること
シールの摩擦抵抗を軽減するためには、
①低摩擦材料シールの使用
②機器のしゅう動面を良くすること
③潤滑性の良いグリースを塗布すること
などの方法があります。

　シールの材料はNBR（ニトリルゴム）が多いのですが、これは使用温度範囲が0〜＋60℃の機器が多いためです。最近はNBRより耐熱・耐摩耗性の良いH−NBR（水素ニトリルゴム）の使用が増えています。

　表7-6には雰囲気に対するシール材料の特性を示します。

第7章 空気圧のメインテナンス

表7-6 雰囲気に対するシール材料の特性

雰囲気		シール材料	ニトリルゴム	ふっ素ゴム	ウレタンゴム	四ふっ化エチレン樹脂（フィラー入りをきむ）
気体	亜硫酸ガス	薄い場合	△	△	△	○
		濃い場合	×	×	△	○
	硫化水素		○	△	○	○
	ふっ化水素		×	×	×	○
	塩素ガス		×	○	×	○
	アンモニアガス（高温）		△	×	△	○
	一酸化炭素		○	○	○	○
	アセトンガス		×	×	×	○
	窒素		○	○	○	○
	オゾン		△	○	○	○
	湿度100%		○	○	△	○
液体	水		○	○	△	○
	海水		○	○	△	○
	次亜塩素酸ナトリウム消毒液		○	○	△	○
	過酸化水素消毒液		○	○	○	○
	アセトン		×	×	×	○
光線	殺菌用紫外線		×	○	○	○
	放射線	10^7 r 以上の場合	△	△	△	×
		10^6 r 未満の場合	○	△	△	△
		10^5 r 未満の場合	○	○	△	△
真空	最高真空度	10^{-9} Torr	×	○	×	×
		10^{-4} Torr	○	○	○	×

注1）○は実用可能。△は使用条件により実用可能。×は実用不可能。
注2）上欄の特性はシール材料の配合により異なる。

付録 I

1. JIS 空気圧用語
2. JIS 油圧用語

付録 JIS 空気圧用語

1 JIS 空気圧用語

空気圧（技術）
圧縮空気を動力伝達の媒体として用いる技術手法。

空気圧回路
空気圧機器などの要素によって組み立てられた空気圧装置の機能の構成。

標準空気
温度 20℃、絶対圧 760mmHg、相対湿度 65％の湿り空気。
備考：標準空気の単位体積当りの重量は 1.2kgf/m^3、国際単位系（SI）で示す場合は、密度 1.2kg/m^3

標準状態
温度 20℃、絶対圧 760mmHg、相対湿度 65％の空気の状態。

空気消費量
空気圧機器またはシステムが、ある条件下で消費する空気量。
備考：単位時間当りの空気消費量を標準状態に換算して表示する

基準状態
温度 0℃、絶対圧 760mmHg での乾燥気体の状態。

加圧下流量
ある圧力状態における体積に換算して表した流量。
備考：とくに標準状態で表した場合、大気圧下流量という

音速
音が媒体中を伝わる速さ。

亜音速流れ
気体の速度が音速に達しない流れ。

臨界圧力比
ノズルなどを通る気体の流速が、音速に達したときの上流と下流の圧力の比。

付録　JIS 空気圧用語

自由流れ
制御されない流れ。

制御流れ
制御された流れ。

ドレン（空気圧）
空気圧機器及び管路内で、流動もしくは沈殿状態にある水、または油水混合の白濁液。

絶対圧力
完全真空を基準として表した圧力の大きさ。

ゲージ圧力
大気圧を基準として表した圧力の大きさ。

使用圧力
機器またはシステムを実際に使用する場合の圧力。

最高使用圧力
機器またはシステムの使用可能な最高圧力。

最低使用圧力
機器またはシステムの使用可能な最低圧力。

保証耐圧力
最高使用圧力に復帰したとき、性能の低下をもたらさずに耐えなければならない圧力。

始動圧力
個々の機器が作動を始める最低の圧力。

パイロット圧
パイロット管路に作用させる圧力。

残圧
圧力供給を断ったのちに、回路系または機器内に残る望ましくない圧力。

付録 JIS 空気圧用語

背圧
回路の戻り側もしくは排気側、または圧力作動面の背後に作用する圧力。

オイルミスト
作動空気中に含まれる細かい油の粒子。

汚染管理
作動流体中に含まれる有害物質の管理。(コンタミネーション・コントロール)

ろ過度
作動流体がフィルタを通過するときに、ろ材によって除去される混入粒子の大きさを示す呼びかた。

耐用寿命
推奨する条件で使用して、一定の性能を保持し使用に耐える回数、時間など。

応答時間
バルブや回路などに入力信号が加わったときから、出力がある規定の値に達するまでの時間。

ポート
作動流体の通路の開口部。

空気抜き
油圧回路中に閉じこめられた空気を除くための針弁または細管など。

パッキン
回転や往復運動などのような運動部分の密封に用いられるシールの総称。

ピストン
シリンダ内を往復運動しながら流体圧力と力の授受を行うための、直径に比べて長さの短い機械部品。

ピストンロッド
ピストンと結合して、その運動をシリンダの外部に伝達する棒状部品。

付録 JIS 空気圧用語

無給油(空気圧)機器
あらかじめグリースなどの封入によって、長期間潤滑剤を補給しなくても運転に耐える空気圧機器。

無潤滑(空気圧)機器
特定の構造によるか、自己潤滑性がある材料を用いて、とくに潤滑剤を用いなくても運転に耐える空気圧機器。

アクチュエータ
流体のエネルギを用いて機械的な仕事をする機器。

空気圧モータ
空気圧エネルギを用いて連続回転運動ができるアクチュエータ。

シリンダ
シリンダ力が有効断面積及び差圧に比例するような、直線運動をするアクチュエータ。

単動シリンダ
流体圧をピストンの片側だけに供給することができる構造のシリンダ。

複動シリンダ
流体圧をピストンの両側に供給することができる構造のシリンダ。

ハイドロチェッカ
空気圧シリンダに結合して、その運動を規制する液体を封入したシリンダ。閉回路を構成する管路及び絞り弁などを含む。

シリンダチューブ
内部に圧力を保持し、円筒形の内面を形成する部分。

シリンダクッション
ストローク終端付近で、流体の流出を自動的に絞ることによって、ピストンロッドの運動を減速させる機能。

ストローク
ピストンが移動する距離。

付録 JIS 空気圧用語

シリンダ出力

ピストンロッドによって伝えられる機械的な力。

平均ピストン速度

ピストンの始動から停止までの時間で、ストロークの長さを割った値。

ヘッド側

ピストンロッドが出ている側。

参考：従来、ロッド側と呼んでいたものである

キャップ側

ピストンロッドが出ていない側。

参考：従来、ヘッド側と呼んでいたものである

人力（じんりょく）操作

指、手または足による操作方式。通常、押しボタンレバーまたはペダルなどを介して操作力が与えられる。

機械操作

カム、リンク機構などの機械的方法による操作方式。

電磁操作

電磁石による操作方式。

パイロット操作

パイロット圧の変化による操作方式。

インターロック

危険や異常動作を防止するため、ある動作に対して異常を生じる他の動作が起こらないように制御回路上防止する手段。

スプリングリターン

操作力を取り去ったとき、ばね力によって弁体が初期位置に復帰する方式。

スプリングセンタ

中央位置が初期位置である3位置弁に対するスプリングリターンの別称。

付録　JIS 空気圧用語

プレッシャリターン
　操作力を取り去ったとき、流体圧力によって、弁体が初期位置に復帰する方式。

デテント
　人為的に作り出された抵抗によって、弁体を所定位置に保持する機構。別の位置への移動は、抵抗に打ち勝つ力を加えることなどによる。

空気圧―油圧制御
　制御回路には空気圧を使用し、作動部には油圧を使用した制御方式。

バルブ
　流体系統で、流れの方向、圧力もしくは流量を制御または、規制する機器の総称。
　参考：機能、構造、用途、種類、形式などを表わす修飾語が付くものには"弁"という語を用いる。

ポペット弁
　弁体が弁座シート面から直角方向に移動する形式のバルブ。

滑り弁
　弁体と弁座が滑り、開閉作用をする形式のバルブ。

スプール弁
　スプールを用いた滑り弁。

回転弁
　回転または揺動する回転体の滑り面を利用して、開閉の作動を行う滑り弁。

ボール弁
　弁体が球状の滑り弁。

2、3、4位置弁
　弁体の位置が2つ、3つ、4つある切換弁。

ポートの数
　バルブと主管路とを接続するポートの数。

2、3、4、5ポート弁
　2つ、3つ、4つ、5つのポートを持つバルブ。

付録　JIS 空気圧用語

C．値（空気圧）

C．はバルブの流量特性を示す係数で、指定の開度で 0.07kgf/cm^2（6.9kPa）の圧力降下の下で、バルブを流れる60°F（15.5℃）の水の流量をG.P.M.（3.785/min ≒ 1G.P.M.）で計測した数字で表す。

K．値（空気圧）

K．はバルブの流量特性を示す係数で、指定の開度で 1kgf/cm^2（98kPa）の圧力降下の下で、バルブを流れる5～30℃の水の流量を m^3/h で計測した数字で表す。

バルブの有効断面積

バルブの実流量に基づき、圧力の抵抗を等価のオリフィスに換算した計算上の断面積、空気圧弁の流れの能力の表示値として用いる。

備考：計算方式は JIS B 8373、8374 及び 8375 による

ノーマル位置

操作力が働いていないときの弁体の位置。

過渡位置

初期位置と作動位置との間の過渡的な弁体の位置。

ノーマルクローズ

ノーマル位置が閉位置の状態。（常時閉）

ノーマルオープン

ノーマル位置が開位置の状態。（常時開）

圧力制御弁

圧力を制御するバルブ。

安全弁

機器や管などの破壊を防止するために、回路の最高圧力を限定するバルブ。

減圧弁

入口側の圧力にかかわりなく、出口側圧力を入口側圧力よりも低い設定圧力に調整する圧力制御弁。

付録 JIS空気圧用語

流量制御弁
流量を制御するバルブ。

絞り弁
絞り作用によって流量を規制する圧力補償機能がない流量制御弁。

速度制御弁（空気圧）
可変絞り弁と逆止め弁を一体に構成し、回路中のシリンダなどの流量を制御するバルブ。

方向制御弁
流れの方向を制御するバルブの総称。

切換弁
2つ以上の流れの形を持ち、2個以上のポートを持つ方向制御弁。

逆止め弁・チェック弁
一方向だけに流体の流れを許し、反対方向には流れを阻止するバルブ。

シャットル弁
2つの入口と1つの共通の出口を持ち、出口は、入口圧力の作用によって入口のいずれか一方に自動的に接続されるバルブ。

急速排気弁
切換弁とアクチュエータとの間に設け、切換弁の排気作用によってバルブを作動し、その排気口を開いてアクチュエータから排気を急速に行うためのバルブ。

リミットバルブ（空気圧）
移動する物体の位置確認に使用する機械操作切換弁。

マスタバルブ
空気圧で操作される空気圧方向切換弁。

流体素子
純流体素子、可動形素子を含めた素子の総称。

純流体素子
機械的に動く部分を用いないで、流体の流れで流体の挙動を制御する素子。

付録 JIS 空気圧用語

可動形素子
機械的に動く部分を用い、流体の流れで流体の挙動を制御する比較的小形素子。

論理回路
アンド、オア、ノットなどの論理機能を持った回路。

管継手（くだつぎて）
管路の接続または機器への取付けのために、流体通路のある着脱できる接続金具の総称。

急速継手
ホース及び配管の接続用継手で、急速に着脱が可能なもの。

マニホールド
内部に配管の役目をする通路を形成し、外部に2個以上の機器を取付けるためのブロック。

サブプレート
ガスケットを用いて制御弁などを取付け、管路との接続を行うためのそえ板。

空気タンク
空気圧動力源として、圧縮空気を蓄える容器。

空油変換器
空気圧を油圧に変換する機器。

アフタクーラ
圧縮機が吐き出した気体を冷却する熱交換器。

エアドライヤ（エアドライア）
空気中に含む水分を除き乾燥した空気を得る機器。

空気圧用フィルタ
空気圧回路の途中に取付け、ドレン及び微細な固形物を遠心力やろ過作用などで分離除去する機器。

オイルミストセパレータ
空気中の油霧の粒子を凝縮その他の方法で除去する機器。

付録　JIS 空気圧用語

ルブリケータ、オイラ
油を霧状にして空気の流れに自動的に送り込む、空気圧機器への自動給油機器。

最小滴下流量
ルブリケータで指定された条件で油が滴下されるのに必要な最小の空気流量。

空気圧調整ユニット
フィルタ、ゲージ付減圧弁、ルブリケータから構成し、一定の条件の空気を二次側に供給する機器。

消音器
排気音を減少させる機器。

圧力スイッチ
流体圧力が所定の値に達したとき、電気接点を開閉する機器。

空気圧センサ
空気圧を使用して物体の有無、位置、状態などを検出し、信号を送る機器の総称。

付録 JIS 油圧用語

2 JIS 油圧用語

空気混入
液体に空気が細かい気泡の状態で混じる現象または混じっている状態。

キャビテーション
流動している液体の圧力が局部的に低下して、飽和蒸気圧もしくは空気分離圧に達し、蒸気を発生したりまたは溶解空気などが分離して気泡を生じる現象。気泡がつぶされると局部的に超高圧を生じ、騒音などを発生する。

チャタリング
リリーフ弁、減圧弁、逆止め弁などで、弁座をたたいて比較的高い音を発する一種の自励振動現象。

ジャンピング
流量制御弁（圧力補償付き）で、流体が流れ始める場合などに、流量が過渡的に設定値をこえる現象。

流体固着現象
スプール弁などで、内部流れの不等性などにより、軸に対する圧力分布の平衡を欠き、このため、スプールが弁本体（またはスリーブ）に強く押し付けられて固着し、その作動が不能になる現象。

ディザー
スプール弁などで、摩擦及び固着現象などの影響を減少させて、その特性を改善するために与える比較的高い周波数の振動。

油圧平衡
油の圧力によって、力のつりあいをとること。

デコンプレッション
プレスなどで、油圧シリンダの圧力を静かに抜き、機械の損傷の原因となる回路の衝撃を少なくすること。

付録 JIS 油圧用語

ラップ
　すべり弁などのランド部とポート部との間の重なりの状態またはその量。

ゼロラップ
　すべり弁などで、弁が中立点にあるときポートは閉じており、弁が少しでも変位するとポートが開き、流体が流れるような重なりの状態。

オーバラップ
　すべり弁などで、弁が中立点から少し変位して初めてポートが開き、流体が流れるような重なる状態。

アンダラップ
　すべり弁などで、弁が中立点にあるときすでにポートが開いており、流体が流れるような重なる状態。

流量
　単位時間に移動する流体の体積。

吐出し量
　一般にポンプが単位時間に吐き出す流体の体積。

押しのけ容積
　容積式ポンプまたはモータの1回転当たりに押しのける幾何学的体積。

ドレン
　機器の通路もしくは管路からタンクもしくはマニホールなどに戻る液体または液体が戻る現象。

漏れ
　常態では流れを閉止すべき場所または好ましくない場所に通る比較的少量の流れ。

制御流れ
　制御された流れ。

自由流れ
　制御されない流れ。

付録 JIS 油圧用語

規制流れ
　流量があらかじめ定められた値に制御された流れ。ただし、ポンプの吐出し以外に用いる。

流れの形
　弁の任意の位置で、各ポートを接続する流体流れの経路の形。

インタフロー
　弁の切換途中で、過渡的に生じる弁ポート間の流れ。

カットオフ
　ポンプ出口側圧力が設定圧力に近づいたとき、可変吐出し量制御が働いて流量を減少させること。

フルカットオフ
　ポンプのカットオフ状態で、流量が０（ゼロ）になること。

圧力降下
　流れに基づく流体圧の減少。

背圧
　油圧回路の戻り側または圧力作動面の背後に作用する圧力。

圧力の脈動
　定常の作動条件で発生する吐出し圧力の変動。過渡的な圧力変動は除く。

サージ圧〔力〕
　過渡的に上昇した圧力の最大値。

クラッキング圧〔力〕
　逆止め弁またはリリーフ弁などで、圧力が上昇し、弁が開き始めて、ある一定の流れの量が認められる圧力。

レシート圧〔力〕
　逆止め弁またはリリーフ弁などで弁の入口側圧力が降下し、弁が閉じ始めて、弁の漏れ量がある規定された量まで減少したときの圧力。

付録 JIS 油圧用語

最小作動圧力
　機構が作動するための最小の圧力。

全流量最大圧力
　ポンプが任意の定回転で運転している場合、可変吐出し量制御が働き始める前（カットオフ開始直前）の吐出し圧力。

カットイン圧力
　アンロード弁などでポンプに負荷を与えること。その限界の圧力をいう。

カットアウト圧力
　アンロード弁などでポンプを無負荷にすること。その限界の圧力をいう。

定格圧力
　連続して使用できる最高圧力。

破壊試験圧力
　破壊せずに耐えなければならない試験圧力。

定格流量
　一定の条件のもとに定められた保証流量。

定格回転速度
　定格圧力で、連続して運転できる最高回転速度。

定格速度
　定格圧力で、連続して運転できる最高速度。

流体動力
　流体のもつ動力。油圧では実用上流量と圧力の積で表される。

人力方式
　人力によって操作する方式。

手動方式
　人力方式の一種で、手動によって操作する方式。

パイロット方式
　パイロット弁などによって導かれた圧力による制御方式。

付録 JIS 油圧用語

メータイン方式
アクチュエータの入口側管路で流量を絞って作動速度を調整する方式。

メータアウト方式
アクチュエータの出口側管路で流量を絞って作動速度を調節する方式。

ブリードオフ方式
アクチュエータに流れる流量の一部をタンクに分岐することによって、作動速度を調節する方式。

電気-油圧〔方〕式
油圧操作にソレノイドなどの電気的要素を組み合わせた方式。

管路
作動流体を導く役目をする管またはその系統。

主管路
吸込管路、圧力管路及び戻り管路を含む主たる管路。

バイパス管路
必要に応じて流体の一部または全量を分岐する管路。

ドレン管路
ドレンを戻り管路またはタンクなどに導く管路。

通気管路
大気に常時開放されている管路。

通路
構成部品の内部をつき抜けるか、またはその内部にある機械加工もしくは鋳抜きの流体を導く連絡路。

ポート
作動流体を運ぶ通路の開口部。

ベント口
大気に開放している抜け口。

付録　JIS 油圧用語

通気口
大気に開放している口。

空気抜き
油圧回路中に閉じこめられた空気を除くための針弁または細管など。

絞り
流れの断面積を減少し、管路または流体通路内に抵抗を持たせる機構。チョーク絞りとオリフィス絞りがある。

チョーク
面積を減少した通路で、その長さが断面寸法に比べて比較的長い場合の流れの絞り。この場合圧力低下は、流体粘度によって大きく影響される。

オリフィス
面積を減少した通路で、その長さが断面寸法に比べて比較的短い場合の流れの絞り。この場合圧力降下は、流体粘度によってあまり影響されない。

ピストン
シリンダ内を往復運動しながら、流体圧力と力の授受を行うための直径に比べて長さの短い機械部品。通常、連接棒またはピストン棒とともに用いられる。

プランジャ
シリンダ内を往復運動をしながら、流体圧力と力の授受を行うための直径に比べて長さの長い機械部品。通常、連接棒などを付けずに用いられる。

ラム
油圧シリンダ、アキュムレータなどに用いられるプランジャ。

スリーブ
中空の円筒形の構成部品で、ピストン、スプールなどを案内するハウジングの内張り。

スライド
すべり面に接触して移動し、流路の開閉などを行う構成部品。

付録 JIS 油圧用語

スプール
円筒形すべり面に内接し、軸方向に移動して流路の開閉を行うくし形の構成部品。

ガスケット
静止部品で用いられる流体の漏れ止め。

ガスケット接続
ガスケットを使用して機器を接続する方法。

パッキン
すべり面で用いられる流体の漏れ止め。

油圧ポンプ
油圧回路に用いられるポンプ。

容積式ポンプ
ケーシングとそれに内接する可動部材などとの間に生じる密閉空間の移動または変化によって液体を吸込側から吐出側に押し出す形式のポンプ。

ターボ式ポンプ
羽根車をケーシング内で回転させ、液体にエネルギーを与え、液体を吐き出す形式のポンプ。

定容量形ポンプ
1回転当たりの理論吐出し量が変えられないポンプ。

可変容量形ポンプ
1回転当たりの理論吐出し量が変えられるポンプ。

歯車ポンプ
ケーシング内でかみ合う2個以上の歯車によって、液体を吸込側から吐出側に押し出す形式のポンプ。

外接歯車ポンプ
歯車が外接かみ合いをする形式の歯車ポンプ。

付録 JIS 油圧用語

内接歯車ポンプ
歯車が内接かみ合いをする形式の歯車ポンプ。

ベーンポンプ
ケーシング（カムリング）に接しているベーン（羽根）を回転子内に持ち、ベーン間に吸い込んだ液体を吸込側から吐出し側に押し出す形式ポンプ。

ピストンポンプ、プランジャポンプ
ピストンまたはプランジャを斜板、カム、クランクなどによって往復運動させて、液体を吸込側から吐出し側に押し出す形式のポンプ。

アキシャルピストンポンプ、アキシャルプランジャポンプ
ピストンまたはプランジャの往復運動の方向がシリンダブロック中心軸にほぼ平行であるピストンポンプ。（プランジャポンプ）

斜軸式〔アキシャル〕ピストンポンプ、斜軸式〔アキシャル〕プランジャポンプ
駆動軸とシリンダブロック中心軸とが同一直線上にない形式のアキシャルピストンポンプ。（アキシャルプランジャポンプ）

斜板式〔アキシャル〕ピストンポンプ、斜板式〔アキシャル〕プランジャポンプ
駆動軸とシリンダブロック中心軸とが同一直線上にある形式のアキシャルピストンポンプ。

ラジアルピストンポンプ、ラジアルプランジャポンプ
ピストンまたはプランジャの往復運動の方向が駆動軸にほぼ直角であるピストンポンプ。（プランジャポンプ）

ねじポンプ
ケーシング内でねじを持つ回転子を回転させて、液体を吸込側から吐出し側に押し出す形式のポンプ。

複合ポンプ
同一ケーシング内に2個以上のポンプ作用要素を持ち、負荷の状態によって各要素の運転を互いに関連させて制御する機能を持つポンプ。

付録 JIS 油圧用語

二連ポンプ
同一軸上に2個のポンプ作用要素を持ち、それぞれが独立したポンプ作用を行う形式のポンプ。

流体伝動装置
流体を媒体として動力を伝達する装置。

油圧伝動装置
流体の圧力エネルギーを利用する流体伝動装置。これには、容積式ポンプ及びびクチュエータ（油圧シリンダまたは容積式モータ）が使用される。

ターボ式流体伝動装置
主に流体の運動エネルギーを利用する流体伝動装置。ターボ式ポンプ及びタービンが使用される。

シリンダブロック
数個のピストンまたはプランジャが入る一体部品。

斜板
斜板式ピストン（またはプランジャ）ポンプまたはモータに用いられ、ピストン（またはプランジャ）の往復運動を規制するための板。

カムリング
ベーン、ラジアルピストン（またはプランジャ）ポンプ及びモータに用いられ、ベーン、ピストンまたはプランジャの往復運動を規制する案内輪。

弁板
ベーン、ピストン（またはプランジャ）ポンプ及びモータに用いられ、液体の出入りを規制するポートを持つ板。

圧力板
歯車、ベーンポンプ及びモータに用いられ、高圧時の容積効率の低下を防ぐために、背面に圧力を作用させる構造の側面シール部材。弁板を兼ねることもある。

付録　JIS 油圧用語

分配軸
ピストン（またはプランジャ）ポンプ及びモータに用いられ流体の出入りを規制するポートを持つ軸。

スイベルヨークシリンダケーシング
可変容量形の斜軸式ピストン（またはプランジャ）ポンプまたはモータに用いられ、シリンダブロックのポンプまたはモータ軸に対する傾き角を規制する部品その内部に流体通路を持っている。

アクチュエータ
流体のエネルギーを用いて機械的な仕事をする機器。

油圧モータ
油圧回路に用いられ、連続回転運動のできるアクチュエータ。

容積式モータ
流体の流入側から流出側への流動によって、ケーシングとそれに内接する可動部材との間に生じる密閉空間を移動または変化させて、連続回転運動を行うアクチュエータ。

定容量形モータ
1回転当たりの理論流入量が変えられない油圧モータ。

可変容量形モータ
1回転当たりの理論流入量が変えられる油圧モータ。

歯車モータ
流入液体によってケーシング内でからみあう2個以上の歯車が回転する形式の油圧モータ。

ベーンモータ
ケーシング（カムリング）に接しているベーン（羽根）を回転子内に持ち、ベーンの間に流入した液体によって回転子が回転する形式の油圧モータ。

付録 JIS 油圧用語

ピストンモータ、プランジャモータ
　流入液体の圧力がピストンまたはプランジャ端面に作用し、その圧力によって斜板、カム、クランクなどを介してモータ軸が回転する形式の油圧モータ。

揺動形アクチュエータ
　回転運動の角度が 360°以内に制限されている形式の回転形往復運動をするアクチュエータ。

油圧シリンダ
　シリンダ力が有効断面積及び差圧に比例するような直線運動をするアクチュエータ。

複動シリンダ
　液体圧をピストンの両側に供給することのできる構造の油圧シリンダ。

単動シリンダ
　液体圧をピストンの片側だけに供給することのできる構造の油圧シリンダ。

片ロッドシリンダ
　ピストンの片側だけにロッドのある油圧シリンダ。

両ロッドシリンダ
　ピストンの両側にロッドのある油圧シリンダ。

ピストン形シリンダ
　ピストンを主要部材とする油圧シリンダ。

ラム形シリンダ
　ラムを主要部材とする油圧シリンダ。

差動シリンダ
　シリンダの両側の有効面積の差を利用する油圧シリンダ。

可変行程シリンダ
　行程を制限する可変のストッパを持つ油圧シリンダ。

付録　JIS 油圧用語

クッション付シリンダ
　衝撃を緩衝する機能を付けた油圧シリンダ。普通、シリンダの流出口からの流出油量を絞って行程終端の動きを遅くし、衝撃を防ぐ目的のために行程終端に自動絞り機構を設ける。

テレスコープ形シリンダ
　長い行動行程を与えることのできる多段チューブ形のロッドを持つ油圧シリンダ。

回転〔継手付油圧〕シリンダ
　回転継手を備え接続管路に対して相対的に回転運動のできる油圧シリンダ。

シリンダ力
　ピストン面に作用する理論流体力。

シリンダ行程
　ピストンロッドの動くことができる長さのクッション付きの場合は、その長さを含む。

シリンダチューブ
　内部に圧力を保持し、円筒形の内面を形成する部分。ピストン形シリンダの場合には、その内面をピストンがすべるシリンダの円筒。

サーボアクチュエータ
　制御系統に使用するサーボ弁とアクチュエータの結合体。

サーボシリンダ
　最終制御位置が制御弁への入力信号の関数をなすような追従機構を一体として持っているシリンダ。

圧力変換器
　供給する流体圧と異なった出力側流体圧を得る機器。

増圧器
　入口側圧力を、それにほぼ比例した高い出口側圧力に交換する機器。

圧力伝達器
　流体圧を同圧の異種流体圧に変換する機器。

付録　JIS油圧用語

弁
流体系統で、流れの方向、圧力もしくは流量を制御または規制する機器。

制御弁
流れの形を変え、圧力または流量を制御する弁の総称。

圧力制御弁
圧力を制御する弁の総称。

流量制御弁
流量を制御する弁の総称。

方向制御弁
流れの方向を制御する弁の総称。

リリーフ弁
回路の圧力が弁の設定値に達した場合、流体の一部または全量を戻り側へ逃がして、回路内の圧力を設定値に保持する圧力制御弁。

定比リリーフ弁
主回路の圧力をパイロット圧力に対し所定の比率に調整（パイロット操作）するリリーフ弁。

安全弁
機器や管などの破壊を防止するために回路の最高圧力を限定する弁。

減圧弁
流量または入口側圧力にかかわりなく、出力側圧力を入口側圧力よりも低い設定圧力に調整する圧力制御弁。

定比減圧弁
出口側圧力を入口側圧力に対し所定の比率に減圧する弁。

定差減圧弁
出口側圧力を入口側圧力に対し所定の差だけ減圧する弁。

付録 JIS 油圧用語

リリーフ付減圧弁
一方向の流れには減圧弁として作動し、逆方向の流れにはその流入側の圧力を減圧弁としての設定圧力に保持するリリーフ弁として作動する弁。

アンロード弁
一定の条件で、ポンプを無負荷にするために使用される弁。たとえば、系統の圧力が設定の値に達するとポンプを無負荷にし、系統圧力が設定の値まで低下すれば再び系統へ圧力流体を供給する圧力制御弁。

シーケンス弁
二つ以上の分岐回路を持つ回路内で、その作動順序を回路の圧力などによって制御する弁。

カウンタバランス弁
おもりの落下を防止するため背圧を保持する圧力制御弁。

流量調整弁
背圧または負荷によって生じた圧力の変化にかかわりなく流量を設定された値に維持する流量制御弁。

温度補償付流量調整弁
液体の温度にかかわりなく流量を設定された値に維持する流量調整弁。

絞り弁
絞り作用によって流量を規制する弁。通常、圧力補償のないものをいう。

分流弁
油圧源から2本以上の油圧管路に分流させるとき、それぞれの管路の圧力のいかんに関係なく、一定比率で流量を分割して流す弁。

切換弁
二つ以上の流れの形をもち、2個以上のポートをもつ方向制御弁。

絞り切換弁
弁の操作位置に応じて流量を連続的に変化させる切換弁。

付録 JIS 油圧用語

逆止め弁、チェック弁
一方向にだけ流体の流れを許し反対方向には流れを阻止する弁。

デセラレーション弁
アクチュエータを減速させるため、カム操作などによって流量を徐々に減少させる弁。

プレフィル弁
大形プレスなどの急速前進行程ではタンクから油圧シリンダへの流れを許し、加圧工程では油圧シリンダからタンクへの逆流を防止し、戻り工程では自由流れを許す弁。

シャトル弁
1個の出口と2個以上の入口を持ち、出口が最高圧力側入口を選択する機能を持つ弁。

サージ減衰弁
サージ圧力を減衰させる弁。

デコンプレッション弁
デコンプレッションさせる弁。

サーボ弁
電気その他の入力信号の関数として、流量または圧力を制御する弁。

スプール弁
スプールを用いた弁。

機械操作弁
カム、リンク機構、その他の機械的方法で操作される弁。

カム操作弁
カムによって操作される弁。

人力操作弁
人力によって操作される弁。

付録　JIS 油圧用語

手動操作弁
手動によって操作される弁。

足踏操作弁
足によって操作される弁。

電磁弁
電磁操作弁及び電磁パイロット切換弁の総称。

電磁操作弁
電磁力によって操作される弁。

パイロット弁
他の弁または機器などにおける制御機構を操作するために補助的に用いられる弁。

パイロット〔操作〕切換弁
パイロットとして作用させる流体圧力によって操作される切換弁。

電磁パイロット〔操作〕切換弁
電磁操作されるパイロット弁が一体に組立てらたパイロット切換弁。

パイロット操作逆止め弁
パイロットとして作用させる流体圧力によって、その機能を変えることのできる逆止め弁。

4ポート弁
四つのポートをもつ方向制御弁。

ランド部
スプールの弁作用を営むすべり面。

アキュムレータ
流体をエネルギー源などに用いるために加圧状態で蓄える容器。

ブラダ形アキュムレータ
可とう性の袋で、気体と液体とが隔離されているアキュムレータ。

ダイヤフラム形アキュムレータ
可とう性のダイヤフラムで気体と液体とが隔離されているアキュムレータ。

付録 JIS 油圧用語

ピストン形アキュムレータ
シリンダ内のピストンによって気体と液体とが隔離されているアキュムレータ。

直接形アキュムレータ
液体が圧縮気体で直接に加圧されているアキュムレータ。

ばね形アキュムレータ
液体がばね力で加圧されているアキュムレータ。

重量形アキュムレータ
液体がおもりなどの重量物による重力で加圧されているアキュムレータ。

管継手
管路の接続または機器への取付けのために、流体通路のある着脱できる接続金具の総称。

フランジ管継手
フランジを使用した管継手。

フレア管継手
管（チューブ）の端末を円すい形に広げた構造を持つ管継手。

フレアレス管継手
管（チューブ）の端末を広げないで、管とスリーブとのくい込みまたは摩擦によって管を保持する管継手。

めがね継手
方向調節可能なひじ形の固定継手。

回り継手スイベルジョイント
圧力下でも旋回可能な管継手。

ロータリージョイント
相対的に回転する配管または機器を互いに接続するための管継手。

急速継手
ホースの接続用継手で、急速に着脱が可能なもの。

付録 JIS 油圧用語

セルフシール継手
両接続金具が連結されたとき自動的に開き、分離されたとき自動的に閉じるような逆止め弁を端部に内蔵する急速継手。

フィルタ
流体から固形物をろ過作用によって除去する装置。

管路用フィルタ
圧力管路に使用するフィルタ。

タンク用フィルタ
圧力管路及び通気管路以外に使用するフィルタ。

弁の位置
切換弁で、流れの形を決める弁機構の位置。

ノーマル位置
操作力が働いていないときの弁の位置。

中立位置
切換弁で、決められた中央の弁の位置。

オフセット位置
切換弁で、中位置以外の弁の位置。

デテント位置
切換弁の弁機構に作用する保持装置によって維持される弁の位置。

2位置弁
二つの弁の位置を持つ切換弁。

3位置弁
三つの弁の位置を持つ切換弁。

ノーマルクローズド、常時閉
ノーマル位置では、圧力ポートが閉じている形。この形の弁をノーマルクローズド弁または常時閉の (normally closed valve) という。

付録 JIS 油圧用語

ノーマルオープン常時開
ノーマル位置では、圧力ポートが出口ポートに通じている形。この形の弁をノーマルオープン弁または常時開の弁（normally open valve）という。

クローズドセンタ
切換弁の中立位置で、すべてのポートが閉じている流れの形。この形の弁をクローズドセンタ弁（closed center valve）という。4ポート3位置弁で例示すれば、Pポート（圧力口）、Rポート（戻り口）、A・Bポート（シリンダ口）がすべて閉じている状態。

オープンセンタ
切換弁の中立位置で、すべてのポートが相通じている流れの形の弁をオープンセンタ弁（open center valve）という。

スプリングリターン弁
ばねの力によって、ノーマル位置に戻る形式の切換弁。

スプリングセンタ弁
スプリングリターン弁の一種で、ノーマル位置が中立位置である3位置切換弁。

スプリングオフセット弁
スプリングリターン弁の一種でノーマル位置がオフセット位置にある切換弁。

ポートの数
弁と主管路とを接続するポートの数。

2ポート弁
二つのポートを持つ方向制御弁。

3ポート弁
三つのポートを持つ方向制御弁。

通気用フィルタ
大気への通気管路に装着されるフィルタ。

付録　JIS 油圧用語

油圧ユニット
ポンプ、駆動用電動機、タンク及びリリーフ弁などで構成した油圧源装置またはこの油圧源装置に制御弁も含めて一体に構成した油圧装置。

弁スタンド
油圧源とは別に、弁、計器、その他付属品を装着し、一体に構成した制御用スタンド。

圧力スイッチ
流体圧力が所定の値に達したとき、電気接点を開閉する機器。

サブプレート
管路への接続口が一面に集中しているガスケット接続式の制御弁を取付け、管との接続を行う副板。

〔油〕タンク
油圧回路の作動油を貯蔵する容器。

マニホールド
内部に配管の役目をする通路を形成し、外部に多数の機器接続口を備えた取付台。

位置決め制御
主に数値制御工作機械か工業用ロボットに用いられる用語で、被制御物が与えられた指命により位置を確保するための制御。

インタフェース機構
エネルギレベル、作動モード、動作媒体の変換を行う周辺機器。たとえば、50mmAdの圧力を0.1MPaの圧力に、あるいは空気圧を油圧に変換する目的などに用いられる周辺機器で、フルーディクスにおいてよく用いられる用語である。

オイルセラー
圧延設備などに付属する、膨大な油圧装置を収容する地下室。

応答時間
ステップ応答において、出力が最初に指定された値に達するまでの時間。

付録　JIS 油圧用語

応答速度
一般に応答の速さをいう。時間領域においては立上り時間、行過ぎ時間、時定数などが尺度にとられる。また弁やリレーなどの動作の速さをいうこともある。

O／W形エマルジョン
油の粒子が中心となり、その周囲が水の被膜で覆われている形状のエマルジョンで、低コストで冷却性が良く、作動液として使用されるよりも、切削液やクーラントとして使用される。

オートローダ
生産工場において、生産時間の早い専用工作機械や、自動盤などに対し、素材の供給、取付けなどを行う自動装置。

オーバライド圧力
リリーフ弁、逆止め弁などにおいて、回路圧力が増加したとき弁が開き始めて、ある一定の量が認められる圧力をクラッキング圧力（開口圧力）といい、さらに圧力が増加してその弁の所定の流量が通過するとき、その弁抵抗による圧力上昇が考えられる。この現象を圧力オーバライドといい、その両圧力の差をオーバライド圧力という。この値は回路の総合効率に影響するので、小さいことが望ましい。

オーバラップ
すべり弁などで、弁が中立点から少し変位して初めてポートが開き、流体が流れるような重なりの状態である。

開回路
開ループ、閉ループに対する反対語で、入力から出力への信号伝達経路において、出力から入力へのフィードバック経路のないものをいう。

付録　JIS 油圧用語

開放回路、閉鎖回路
　油圧回路の基本形は大別して開放回路、閉鎖回路の2つに分類されており、作動油が大気に開放れさるか、密閉されているかという考え方に立脚している。
　開放回路はポンプ吸込側が油タンクに連絡され、吐出し側はアクチュエータに連絡されて常に油タンクを主媒介として作動する。
　閉鎖回路はポンプ吸込側、吐出し側はいずれもアクチュエータに連結されて油の受け渡しはこの2要素の間で行われる。
　油タンクは、たとえばシリンダ両端面積差によるポンプ吐出し量の余剰油の逃げ場所、または吐出し量不足のための吸込み側への油供給などの補助的役目を果たしている。

過渡応答
　定常状態にある系の出力が入力その他の変化の影響を受けて変化し、再び定常状態に落着くまでに呈する時間的経過のことをいう。系の動特性を評価する基準となる。
　油圧モータなどが回り始める際に出しうるトルク。定常運転時の値に比べ普通小さい。

起動トルク
　油圧モータなどが回り始める際に出しうるトルク。定常運転時の値に比べ普通小さい。

気ほう分離圧
　油圧油中に溶解している空気やガスが、低圧の状態において急激に気泡となって分離し始める圧力であって、一般に油温、溶解空気量、粘度その他、油の振動あるいはその流動状態に影響される。

許容漏れ量
　実用上、支障のない限度内において許される漏れ量。

付録　JIS 油圧用語

サーボ機構
追従機構。物体の位置方位、方向、姿勢などを制御量とし、目標値の任意の変化に追従するように構成された制御系をいう。サーボ機構は普通、制御量が機械的位置であること、目標値が広範囲に変化すること、入力のもっている力は小さく、前向き経路でパワー増幅がなされること、遠隔制御となることが多いなどの特徴を持っている。

磁気フィルタ
永久磁石にて油中の鉄粉を除去するフィルタ。他の形式のフィルタと併用する場合が多い。

シーケンスチャート
シーケンス制御において、シーケンス装置内の回路や動作や、シーケンス装置によって制御される装置の動作を時間的な関係で示した図表を、シーケンスチャートまたはシーケンス図という。

始動摩擦（パッキンの）
静止中の物体がある物体上を動き始めるときの摩擦。特にパッキンにおいてはしゅう動相手面との間に生じる始動摩擦は、静止時間の大小によって差異があり、また、動摩擦に比べ非常に大きくなることがあるので、その大きさを予測すること、また大きさを小さくすることが重要な設計上の因子となっている。

シリンダの摩擦損失
一般にシリンダの摩擦発生個所はピストン部とロッド貫通部である。摩擦抵抗は圧力とともに大きくなるが、油圧シリンダでは出力の1～3％程度であるので特別の場合のほかは問題にならない。

水撃作用
水撃現象；ウォータハンマ。管内に充満して流れている液体の速度を急変させたときに生ずる圧力の変化に関する現象をいう。

ステップベーン
ベーンの厚みに段をつけ、カムリングへの押付力を軽減した形式のベーン。

付録　JIS 油圧用語

スポットテスト
比較的広く用いられている油圧油の劣化判定に関する現場的試験方法である。これには外観試験と滴下試験がある。外観試験は供試油を透明なガラス瓶に取り、肉眼で観察するもので、色相、透明度、夾雑物、水分混入の程度を察知するものである。また滴下試験は使用油の一滴をろ紙（市販品）に滴下し、そのまま2～3時間放置する。この場合、新油及び劣化していない油圧油では均一で滑らかな油しみを作るが、劣化したり汚染の程度によって淡色から濃灰色まで各々違った色を示すので、この状態により使用可否の目安とするものである。

スラッジ
油圧油の酸化によって生成された不溶解成分で炭化水素の重合・縮合物である。吸着性のあるラッカー質（ゲル状物質－油中の成分、金属酸化物を含む）のもの、樹脂状ないしアスファルト状物質などがあるが、実際はこれが各々単体で混入している例は少なく、酸化生成物同士の重合・縮合生成物と水やその他の夾雑物とともに結合して存在しているものである。

精密鋼管
油圧シリンダ本体のチューブは、普通、肉厚パイプを穴ぐり後ホーニングして作るが、最近では穴ぐりを行わずに、引抜加工後、すぐにホーニングできるようになり（精密鋼管と呼ばれる）、シリンダ製作上、大きな進歩をもたらした。

接面漏れ
パッキンのしゅう動面から作動流体が漏れる現象またはその量。一般パッキン部における漏れは浸透漏れと接面漏れに大別される。

騒音
好ましくない音をすべて騒音と考えるので、単なる物理量としての音と異なり、心理的、主観的なものを含む。どのような音でも大きすぎれば騒音となる。また不愉快な音色などは小さな音量でも騒音ということができる。

付録 JIS 油圧用語

ダイクッション装置

プレスの下型を保護し、また製品の仕上りをよくするために用いられる装置。空油圧シリンダを用い、主ラムにより押されて発生する圧力を調整して成形に必要な抵抗を与えるようになっている。

立上り時間

ステップ応答において、出力が最終値の 10 ～ 90％（5 ～ 95％の場合もある）になるのに要する時間をいう。最終値の何％から何％と定まっているわけではないので、それを明記する必要がある。

タービン油

本来水力タービン、蒸気タービンの軸受や減速歯車などの潤滑油用として、JIS K 2213 に無添加、添加タービン油としてそれぞれの性状が規格化されているものである。分類としては添加のそれぞれに対して、主としてその粘度によって1 号（90 番）、2 号（140 番）、3 号（180 番）、ならびに 4 号（200 番）の 4 種に分けられている。従来、油圧油として広く用いられているが、粘度指数、極圧潤滑性、耐摩耗性、高圧使用に対するせん断安定性などの油圧用としての諸要求を満すため、特に油圧用作動油が開発され、その使用が多くなった。

ターリ弁

油圧シリンダの前後進端のショックを防止するため停留時間を調節する弁で、パイロット操作弁を動かすパイロット油量を絞り弁で調節する場合が多い。

電気－油圧パルスモータ

電気的パルス指命により回転し負荷の回転数を数値的に制御する電気－油圧モータである。マシニングセンタの各軸の駆動系に利用される場合、オープンループ駆動となるので、系の発振のおそれがなく、精度もフィードバック補正を行うなどによって高速度、高精度のサーボ系を構成することができる。

バックアップリング

パッキンのはみ出し現象を防止するために装入するリングのこと。材料としてはテフロン・皮革・ナイロンが用いられるが、テフロンが最も多く用いられる。

付録　JIS 油圧用語

バッフルプレート
油タンク内に設けられたじゃま板。タンク内で油の流れを規制し移動距離を大きくし、放熱効果を上げるとともに、油中の空気・水分・ごみなどの分離を促進するために用いられる。

パネル
一般には板状物質の総称であるが、ここでは各機器類を取付ける板または面のことをいう。

パルス
①周期的に繰返される衝撃波をいう。

②幅の狭い、高さの大きい波形をいう。

フラッシング油
配管系統内に組立時あるいは使用中に混入・生成したスラッジ、錆、その他の夾雑物の膠着、堆積している異物などを機械的及び化学的に洗浄することをフラッシングといい、このために使用する液をフラッシング油という。油圧装置のフラッシング油としては、一般に使用油より多少低粘度で、しかも鉱物油に溶解力を増加させる洗浄剤及び防錆剤を配合することにより、以下の必要特性を満す。

①スラッジ、ゴム状物質、無機固形物質などに強力な溶解性を持つこと。

②フラッシング中や新油を入れるまでの間に錆の発生のないこと。

③フラッシング中ポンプの潤滑ができ、かつ新油にわずかに混入しても、その性質に悪影響を及ぼさないこと。

④油圧装置に使用されている諸材料に悪影響を及ぼさないこと。

以上の諸要求性状に対して、普通、高級スピンドル油や防錆剤を添加した低粘度のタービン油級の鉱物油が用いられている。

付録　JIS 油圧用語

プラノミラー
大形ベット形フライス盤の一種で、複数のフライスの同時加工や、大径フライスによる強力加工ができ、一般に平削盤より切削時間が早く、精度も高いとされている。ベットの送りやフライスヘッドの送りなどに油圧機器が用いられる。

ブリード
元の語意"出血する"から転じて、系内の油または空気をそれぞれ油タンクまたは大気中に逃がすことをブリードするという。

ブルドン管形圧力計
最も一般的に使用されている圧力計で、19世紀中頃、フランス人ブルドン氏が発明したものである。

プレチャージ
予圧力。ガス圧形アキュムレータにおいて、あらかじめ封入しておくガス圧力。

閉回路
閉ループ。制御系でフィードバック経路を有する閉じた系を閉回路といい、フィードバック経路を在しない開いた回路を開回路（開ループ）という。

ボイルの法則
マリオットの法則ともいわれる。一定温度では気体の圧力と体積とは互いに逆比例するという法則。Boyle は 1660 年にこれを実験的に見出した。

メータリング弁
絞り弁のことで、流量を計量（metering）する弁。

漏れ
常態では流れを閉止すべき場所、または好ましくない場所を通る比較的少量の流れ。この場合、通常細隙の流れであり、層流であると考えられるので、その漏れ流量 Q は圧力差 P に比例し、粘度 μ に反比例し、そのすき間 δ の 3 乗に比例する。

付録 JIS 油圧用語

油圧式マニプレータ
　人間の手足となって、人間の意思どおりに製品や材料のハンドリングを行なう装置をマニプレータという。

油圧ならい方式
　一般に、機械式油圧サーボ弁を用い、ある模範に従って、スタイラスによりサーボ弁を動かしてシリンダを駆動し、模範と同形状の加工を行う方式をいう。普通油圧は2MPa以下が用いられ、旋盤、フライス盤などに使用される。

油性向上剤
　油性向上剤は金属の個体摩擦を防止し、焼付を防ぐものであり、物理的に作用するものと化学的に作用するものと2種類がある。

ろ過粒度
　油圧油がフィルタを通過するさいに、混入物がろ材によって除去される大きさを示す粒度の公称値。単位はミクロン（1/1000mm）で表す。

付録 II

JIS 油空圧記号

付録 JIS 油空圧記号

表3 管路

番号	名称	記号
3-1.1	接続	
3-1.2	交差	
3-1.3	たわみ管路	

付録 JIS 油空圧記号

表7 ポンプ及びモータ

番号	名称	記号
7-1	ポンプ及びモータ	油圧ポンプ　空気圧モータ
7-2	油圧ポンプ	
7-3	油圧モータ	
7-4	空気圧モータ	
7-5	定容量形ポンプ・モータ	
7-6	可変容量形ポンプ・モータ（人力操作）	

付録 JIS 油空圧記号

表7 ポンプ及びモータ（続き）

番号	名称	記号
7-7	揺動形アクチュエータ	
7-8	油圧伝導装置	
7-9	可変容量形ポンプ (圧力補償制御)	
7-10	可変容量形ポンプ・モータ (パイロット操作)	

付録 JIS 油空圧記号

表8 シリンダ

番号	名称	記号	
		詳細記号	簡略記号
8-1	単動シリンダ		
8-2	単動シリンダ （ばね付き）	1) 2)	
8-3	複動シリンダ	1) 2)	
8-4	複動シリンダ （クッション付き）	2:1	2:1
8-5	単動テレスコープ形 シリンダ		
8-6	複動テレスコープ形 シリンダ		

付録 JIS 油空圧記号

表10 エネルギー容器

番号	名称	記号
10-1	アキュムレータ	
10-2	アキュムレータ	気体式　おもり式　ばね式
10-3	補助ガス容器	
10-4	空気タンク	

付録 JIS 油空圧記号

表11 動力源

番号	名称	記号
11-1	油圧(動力)源	▶—
11-2	空気圧(動力)源	▷—
11-3	電動機	Ⓜ=
11-4	原動機	[M]=

付録 JIS 油空圧記号

表12 切換弁

番号	名称	記号
12-1	2ポート手動切換弁	
12-2	3ポート電磁切換弁	
12-3	5ポートパイロット切換弁	
12-4	4ポート電磁パイロット切換弁	詳細記号 簡略記号

付録 JIS 油空圧記号

表12 切換弁（続き）

番号	名称	記号
12-5	4ポート電磁パイロット切換弁	詳細記号／簡略記号
12-6	4ポート絞り切換弁	中央位置アンダラップ／中央位置オーバラップ
12-7	サーボ弁	

付録 JIS 油空圧記号

表13 逆止め弁、シャトル弁及び排気弁

番号	名称	記号
13-1	逆止め弁（チェック弁）	1) 2) 詳細記号　簡略記号
13-2	パイロット操作逆止め弁	1) 2) 詳細記号　簡略記号
13-3	高圧優先形シャトル弁	詳細記号　簡略記号
13-4	低圧優先形シャトル弁	詳細記号　簡略記号

付録　JIS油空圧記号

表 13　逆止め弁、シャトル弁及び排気弁（続き）

番号	名称	記号
13-5	急速排気弁	詳細記号　　簡略記号

付録 JIS 油空圧記号

表14 圧力制御弁

番号	名称	記号
14-1	リリーフ弁	
14-2	パイロット作動形リリーフ弁	詳細記号 / 簡略記号
14-3	電磁弁付き（パイロット作動形）リリーフ弁	
14-4	比例電磁式リリーフ弁（パイロット作動形）	
14-5	減圧弁	

付録 JIS 油空圧記号

表14 圧力制御弁（続き）

番号	名称	記号
14-6	パイロット作動形減圧弁	
14-7	リリーフ付き減圧弁	
14-8	比例電磁式リリーフ減圧弁 （パイロット作動形）	
14-9	定比減圧弁	
14-10	シーケンス弁	

付録 JIS 油空圧記号

表14 圧力制御弁（続き）

番号	名称	記号
14-11	シーケンス弁（補助操作付き）	
14-12	パイロット作動形シーケンス弁	
14-13	アンロード弁	
14-14	カウンタバランス弁	
14-15	アンロードリリーフ弁	

付録 JIS 油空圧記号

表14 圧力制御弁（続き）

番号	名称	記号
14-16	両方向リリーフ弁	
14-17	ブレーキ弁	

付録 JIS 油空圧記号

表15 流量制御弁

番号	名称	記号
15-1 15-1.1	絞り弁 　可変絞り弁	詳細記号　　簡略記号
15-1.2	止め弁	
15-1.3	デセラレーション弁 （機械操作可変絞り弁）	
15-1.4	一方向絞り弁 速度制御弁（空気圧）	
15-2 15-2.1	流量調整弁 　シリーズ形流量調整弁	詳細記号　　簡略記号
15-2.2	シリーズ形流量調整弁 （温度補償付き）	詳細記号　　簡略記号

付録 JIS 油空圧記号

表15 流量制御弁（続き）

番号	名称	記号
15-2.3	バイパス形流量調整弁	詳細記号　　簡略記号
15-2.4	逆止め弁付き流量調整弁 （シリーズ形）	詳細記号　　簡略記号
15-2.5	分流弁	
15-2.6	集流弁	

付録 JIS 油空圧記号

表16 油タンク

番号	名称	記号
16-1	油タンク(通気式)	1) 2) 3) 4)
16-2	油タンク(密閉式)	

付録 JIS 油空圧記号

表17 流体調整器

番号	名称	記号
17-1	フィルタ	1) 2) 3)
17-2	ドレン排出器	1) 2)
17-3	ドレン排出器付きフィルタ	1) 2)
17-4	オイルミストセパレータ	1) 2)
17-5	エアドライヤ	
17-6	ルブリケータ	

付録 JIS 油空圧記号

表17 流体調整器（続き）

番号	名称	記号
17-7	空気圧調整ユニット	詳細記号 簡略記号
17-8 17-8.1	熱交換機 　冷却器	1) 2)
17-8.2	加熱器	
17-8.3	温度調節器	

付録 JIS 油空圧記号

表18 補助機器

番号	名称	記号
18-1	圧力計測器	
18-1.1	圧力表示器	
18-1.2	圧力計	
18-1.3	差圧計	
18-2	油面計	
18-3	温度計	
18-4	流量計測器	
18-4.1	検流器	
18-4.2	流量計	
18-4.3	積算流量計	
18-5	回転速度計	
18-6	トルク計	

付録 JIS 油空圧記号

表 19 その他の機器

番号	名称	記号
19-1	圧力スイッチ	
19-2	リミットスイッチ	
19-3	アナログ変換器	
19-4	消音器	
19-5	警音器	
19-6	マグネットセパレータ	

付録 JIS 油空圧記号

油圧回路図の例 ①

(B 0125-2:2001 (ISO 1219-2:1995) 附属書B (参考)

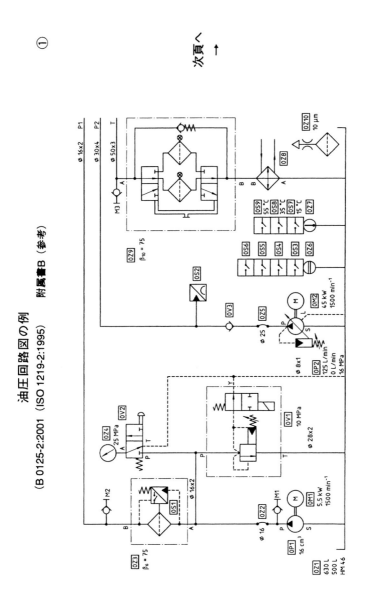

次頁へ →

付録 JIS 油空圧記号

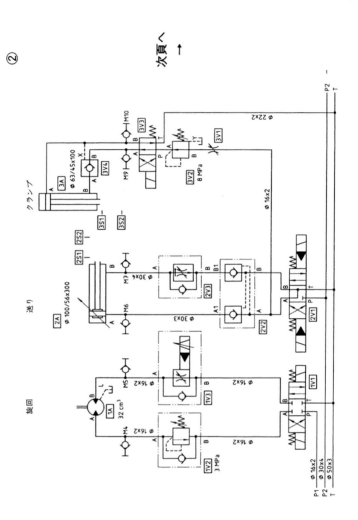

付録 JIS 油空圧記号

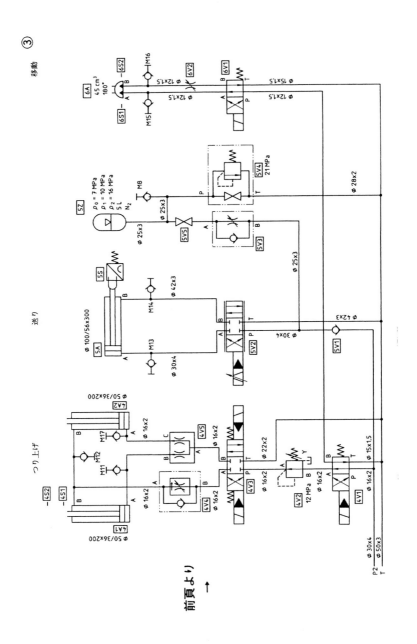

参考・引用文献

■書籍

1) 塩田泰仁、仙田良二「油空圧技術」産業図書　1988.1
2) 仙田良二「実践メカトロニクス　油圧・空気圧」産業図書　1984.2
3) 仙田良二「わかりやすい空気圧の技術」日本理工出版会　2002.9
4) 高橋徹「メカトロエンジニアリング⑧（油圧・空気圧）」パワー社　1998.4
5) 今木清泰「油空圧工学概論」理工学社　1991.10
6) 「入門・機械＆保全ブックス⑨油・空圧の本」日本プラントメンテナンス協会　1995.8
7) 辻茂「油圧と空気圧のお話」日本規格協会　2002.2
8) 「新・知りたいエアトロニクス」ジャパンマシニスト社　1993.7
9) 中西康二、吉本久泰「だれにもわかるメカトロの空・油圧・ＰＣ制御読本」オーム社　1993.10
10) 久津見舜一・日沖清弘「空気圧機器の使い方と故障対策」日本プラントメンテナンス協会 1976.2
11) 南誠「空気圧管理マニュアル」日刊工業新聞社　1972.9
12) 橋本明、藤本磐雄「やさしい空気圧技術と電気制御」工業調査会　1979.9
13) 門泰一「油空圧シリンダの故障対策」日刊工業新聞社　1975.10
14) 日本油空圧工業会「実用空気圧－第３版－」日刊工業新聞社　1996.9
15) 日本油空圧学会編「油空圧便覧」オーム社　1989
16) 日本油空圧工業会編「実用空気圧ポケットブック」1990
17) JIS B 0125-1「油圧・空気圧システム及び機器－図記号及び回路図－第１部：図記号」日本規格協会　2001.3
18) JIS B 0125-2「油圧・空気圧システム及び機器－図記号及び回路図－第２部：回路図」2001.3
19) JIS B 8371-1「空気圧－空気圧フィルタ－第１部：供給者の文書に表示する主要特性及び製品表示要求事項」日本規格協会　2000.8
20) JIS B 8378-1「空気圧－ルブリケーター第１部：供給者の文書に表示する主要特性及び製品表示要求事項」日本規格協会　2000.8
21) JIS B 8372-1「空気圧－空気圧用減圧弁及びフィルタ付減圧弁－第１部：供給者の文書に表示する主要特性及び製品表示要求事項」日本規格協会　2003.3
22) JIS B 8376「空気圧用速度制御弁」日本規格協会　1994.3
23) JISハンドブック「油圧・空気圧」日本規格協会　1999

参考・引用文献

■雑誌

24) 仙田良二「空気圧利用における予防保全対策とその考え方」
メインテナンス 1983.7～1984.6
25) 竹田成行「無給油空圧機器の特徴とメンテナンス」プラントエンジニア 1988.8
26) 長汐康裕「潤滑装置のトラブル対策」プラントエンジニア　1988.8
27) 春日新一「空気圧機器のトラブルシューティング」プラントエンジニア 1992.12
28) 永井　高「空気圧機器の取扱いと保全ポイント」プラントエンジニア 1985.2
29) 前田紀二「空気圧に使用されているシール」潤滑経済　1992.11
30) 新井澄夫「コスト面からみた油圧・空圧の使い分け」プラントエンジニア 1978.7
31) 仙田良二「空気圧利用技術とメンテナンス」プラントエンジニア 1993.1、2、3

改訂3版 図解 はじめての空気圧

平成16年7月10日　初　版　第1刷
令和2年11月10日　改訂3版　第3刷

著　者　はじめての空気圧編集委員会
発行者　小野寺隆志
発行所　科学図書出版株式会社
　　　　東京都新宿区四谷坂町10-11　　TEL　03-3357-3561
印刷/製本　昭和情報プロセス株式会社
カバーデザイン　加藤敏彰

定価はカバーに表示してあります。本書の一部または全部を著作権法の定める範囲を超え、無断で複写、複製、転載、テープ化、ファイルに落とすことを禁じます。
乱丁、落丁は、お取り替えいたします。

©2016　はじめての空気圧編集委員会　著
ISBN　978-4-903904-67-2　C3053
Printed in Japan